Sabine Joss

Im Gebirge

Natur erleben – beobachten – verstehen

www.naturerleben.net

Haupt
NATUR

Sabine Joss ist selbstständige Biologin und Journalistin BR. Sie arbeitet bei verschiedenen Forschungsprojekten über Artenvielfalt und publiziert Beiträge zu Naturthemen in Büchern sowie in Wander- und Reisemagazinen.

MIX
Papier aus verantwortungsvollen Quellen
FSC® C043954
FSC www.fsc.org

1. Auflage: 2012

Bibliografische Information der *Deutschen Nationalbibliothek:*
Die Deutsche Nationalbibliothek verzeichnet diese Publikation in der Deutschen Nationalbibliografie; detaillierte bibliografische Daten sind im Internet über http://dnb.d-nb.de abrufbar.

ISBN ISBN 978-3-258-07674-4

Gestaltung und Satz: pooldesign.ch

Printed in Germany

www.naturerleben.net in Partnerschaft mit www.naturgucker.net

www.haupt.ch

Inhaltsverzeichnis

Vorwort

Die Berge haben für viele Menschen eine große Anziehungskraft: Da ist zum einen die beeindruckende Szenerie der Gipfel, Täler, Gletscher und reißenden Bäche, zum anderen aber auch die spektakuläre Flora und Fauna. Blaue Enziane, violette Alpen-Astern und Alpenrosenheiden sind allgegenwärtig; mit Glück lässt sich gar ein Edelweiß aufspüren. Fast immer sind die Flugkünste der Alpendohlen zu beobachten oder das majestätische Kreisen eines Raubvogels. Und über der Waldgrenze kann man mit den schrillen Warnpfiffen der Murmeltiere rechnen und darauf hoffen, in der Felswand den Gämsen beim Klettern zu zuschauen.

Runter vom Sessel, hinein in die Natur! Erleben Sie die unbekannte Natur der Gebirge, spüren Sie den Zusammenhängen nach und entdecken Sie, wie raffiniert sich die Natur auch auf kleinem Raum eingerichtet hat. Dafür werden keine besonderen biologischen Kenntnisse vorausgesetzt – was Sie für Ihre Erkundungen benötigen, wird durch das vorliegende Buch (und die anderen Bände der «Natur erleben»-Reihe) vermittelt. Besonders hilfreich sind dabei die Beobachtungstipps, die Sie stets am Ende der einzelnen Kapitel finden.

Und weil die Natur nichts Statisches ist, sondern das Resultat von Vernetzungen und gegenseitigen Abhängigkeiten und weil das Erkunden ja auch Spaß machen soll, finden Sie überall Verweise auf andere, verwandte Themen im Buch sowie auf Geräusche, Filme und zusätzliche Bilder auf der Website **www.naturerleben.net.** Das gut getarnte Steinhuhn ist im Gelände nur selten zu sehen, aber oft zu hören – lernen Sie seinen Gesang mit der entsprechenden Tonspur identifizieren. Oder schauen Sie sich den Film über die Murmeltierkolonie oder die Hirschböcke im Brunftkampf an. Wenn Sie eigene Beobachtungen oder Fotos mit anderen teilen möchten, können Sie dies dank unserer Partnerschaft mit www.naturgucker.net auch ganz einfach über unsere Website tun.

Filme

Tonspur

Fotos

Ab all dem Kreuz und Quer und Hin und Her zwischen Buchkapiteln und Website soll auch etwas hängen bleiben – mit den Quizfragen können Sie locker prüfen, wie viele Geheimnisse Sie schon gelüftet haben.

Und es gibt noch eine weitere Dimension zu entdecken: Mit der App zur Buchreihe können zum Beispiel die häufigsten Tier- und Pflanzenarten in den mitteleuropäischen Gebirgen bestimmt und das Auge und die Ohren durch die Beantwortung von Quizfragen für die Natur geschärft werden.

Viel Spaß beim Beobachten, Entdecken und Erleben der Natur wünschen die Autorin und Ihr Haupt Verlag!

Vorbereitung für den Ausflug ins Gebirge

Zum Umgang mit den Bewohnern der Gebirge

Behandeln Sie Wildtiere mit Respekt. Wildtiere schätzen es nicht, wenn Sie ihnen zu nahe kommen. Beobachten Sie sie daher aus genügend Entfernung, sodass die Tiere nicht unnötig flüchten müssen.

Um Pflanzen zu beobachten, muss man sie nicht ausreißen. Verzichten Sie auch darauf, sie auszugraben oder für schöne Blumensträuße abzuschneiden. Viele Gebirgspflanzen sind selten und geschützt.

Abfälle

Abfall in der Landschaft ärgert nicht nur Sie, sondern auch alle, die nach Ihnen die Berge genießen wollen. Hinterlassen Sie daher bitte keine Abfälle. – Und warum nicht auch einmal störenden Abfall von anderen mitnehmen? In einen zusätzlichen Plastiksack verpackt, lässt er sich leicht ins Tal tragen und entsorgen.

Herumliegender Abfall ist überall ein Ärgernis. Im Gebirge dauert es viel länger bis er, wenn überhaupt, verrottet ist.

Hunde

Wenn Wildtiere in der Nähe sind, sollten Sie Ihren Hund immer an der Leine führen. Fast jeder Hund hat einen ausgeprägten Jagdinstinkt und rennt Wildtieren gerne nach. Meist sorgt er damit nicht nur für unnötigen Stress, sondern kann Wildtiere auch ernsthaft verletzen oder sogar töten.

Wanderwege

Bitte bleiben Sie bei Wanderungen auf der Hauptspur. Schneiden Sie bitte auch keine Kurven bei Zick-zack-Wegen, weil jeder neue Pfad im Gelände die Erosion begünstigt. Erosion ist aber gerade im Gebirge ein großes Problem: Im Alpenraum sind insgesamt schon mehrere Hundert Quadratmeter links und rechts von Wanderwegen unnötig erodiert und weggeschwemmt worden.

Abfälle und ihre Verrottungsdauer

Bananen- und Orangenschalen **3–12 Monate**	Organische Abfälle wie Orangen- und Bananenschalen werden von Bakterien und Bodenlebewesen abgebaut. Wegen der tieferen Temperaturen im Gebirge sind ihre Aktivitäten verlangsamt.
WC-Papier **3–12 Monate**	Verschmutzt die Landschaft und ist für zahlreiche Tierarten giftig.
Zigarettenstummel **1–5 Jahre**	Verschmutzen Boden und Wasser. Ein Stummel kann bis zu 1000 Liter Wasser verunreinigen.
Plastik und andere Kunststoffe **100–1000 Jahre**	Verschmutzen die Landschaft und können Tiere verletzen. Werden Plastikteile gefressen, so sind sie für die Tiere giftig.
Aluminium und Weißblech **Verrottet kaum je**	Verschmutzen die Landschaft und können Tiere verletzen.

Feuer

Viele Bergwälder haben wichtige Schutzfunktionen; zum Beispiel Schutz vor Lawinen und Erdrutschen. Ein Waldbrand kann daher verheerende Folgen haben. Beachten Sie daher stets die Hinweise zur Waldbrandgefahr in den Medien. Entfachen Sie bei trockenem, windigem Wetter kein Feuer.

Beim Grillen sollten Sie nur die bereits vorhandenen Feuerstellen benutzen, weil neue Feuerstellen stets den Unterboden und die Wurzeln der umliegenden Pflanzen und Bäume zerstören.

Sicherheit

Kinder sollten in alpinem Gelände besonders gut beaufsichtigt werden. Das gilt besonders an exponierten Stellen und in der Nähe von Gebirgsbächen. Aber auch Erwachsene sollten das Gefahrenpotenzial der Berge niemals unterschätzen: Auch auf viel begangenen Wanderwegen können plötzliche Wetterumbrüche und Nebel verheerende Folgen haben! Befragen Sie im Zweifelsfalle die lokale Bevölkerung nach ihrer Einschätzung der Situation.

Das «Kurvenschneiden» beim Wandern führt zu unnötiger Erosion.

Ausrüstungsliste

Natürlich sind Beobachtungen auch ohne Spezialausrüstung möglich, doch mit ein paar Hilfsmitteln machen Naturbeobachtungen noch mehr Spaß:

- Notizbuch und Schreibzeug
- Lupe
- Fernglas
- Kamera
- Pflanzen- und Tierbestimmungsbücher
- Taschenmesser
- Apotheke mit Desinfektions- und Insektenschutzmittel
- Zwischenverpflegung
- Sonnenschutz (Crème, Sonnenbrille, Kopfbedeckung)
- Der Witterung angepasste Kleidung (Regenschutz, warme Kleider)
- Warmer Reservepullover
- Gutes Schuhwerk

Gebirge

Eine Einleitung

Lebensraum Gebirge

Wenn Sie am Morgen unten im Tal starten, zuerst durch Rebgebiete und später über Wiesen und Weiden immer höher wandern, sind Sie am Nachmittag bereits oberhalb der Waldgrenze. Wenig später erreichen Sie den Fuß der Berge, deren Gipfel auch im Sommer immer schneebedeckt bleiben. Je nach Wandergeschwindigkeit durchqueren Sie dabei innerhalb von vier bis sechs Stunden verschiedenste Klimazonen und erleben, wie sich mit zunehmender Höhe die Vegetation und Tierarten verändern. Direkt am Bergwanderweg oder hinter dem nächsten Felsblock gibt es unterwegs viele Dinge zu entdecken und zu bestaunen! Um die gleichen Veränderungen in der Ebene zu erleben, müssten Sie 3000 km vom Mittelmeer bis nach Nordskandinavien wandern. Dafür würden Sie mehrere Wochen brauchen, während dies in den Alpen in einem Tag möglich ist!

Rechte Seite: Für Hochgebirgsarten wie den Himmelsherold *(Eritrichium nanum)* wird wegen der Klimaerwärmung der Lebensraum immer kleiner.

Die Alpen – ein Kurzporträt

Alpenlandschaft

Das wichtigste Gebirge Mitteleuropas sind die **Alpen**. Sie erstrecken sich bogenförmig über eine Länge von 1200 km und eine maximale Breite von 300 km. Diese Fläche von über 200 000 Quadratkilometer teilen sich acht Staaten: Frankreich, Monaco, Italien, die Schweiz, Liechtenstein, Deutschland, Österreich und Slowenien. Mit 4810 m ü. M. ist der Mont Blanc an der Grenze zwischen Frankreich und Italien der höchste Gipfel. Weitere 127 Gipfel erreichen eine Höhe von mehr als viertausend Meter.

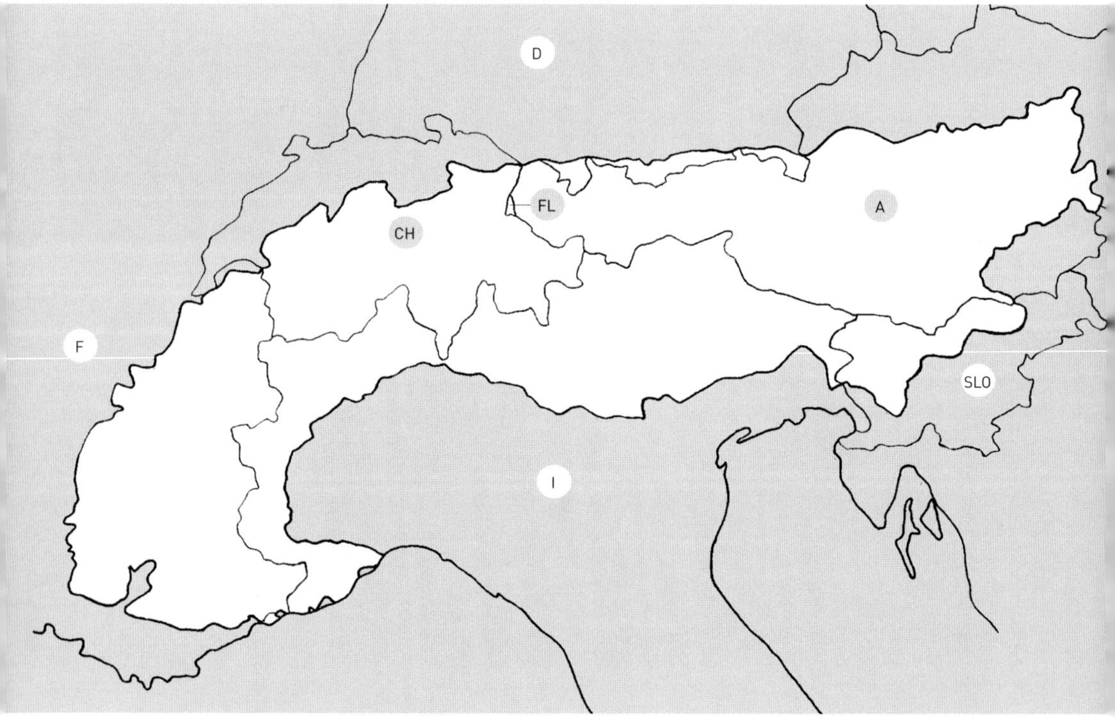

Eine schematische Darstellung des Alpenbogens, des wichtigsten Gebirges Mitteleuropas.

Das Wasserschloss Mitteleuropas

Die Alpen sind ein wichtiges Wasserschloss, weil sie in Form von Gletschereis, Schnee und Seen die **Wasserreserven** Mitteleuropas und das Trinkwasser für viele Millionen Menschen speichern. Auch entspringen zahlreiche große Flüsse den Alpen und werden auf ihrem Weg zum Meer zur Stromgewinnung genutzt; so zum Beispiel Po und Rhone, welche ins Mittelmeer fließen, der Rhein, welcher in die Nordsee fließt, sowie die großen Donaunebenflüsse Inn, Drau und Save, die Mitteleuropa ins Schwarze Meer entwässern.

→ Gletscherbach

→56, 95, 138
«Alpine Fließgewässer»; «Bergseen»; «Gletscher»

Große Artenvielfalt

In den Alpen findet man auf kleinstem Raum große Unterschiede bezüglich der klimatischen Bedingungen und der Gesteins- und Bodentypen. Entsprechend vielfältig sind die Lebensräume und die darin vorkommenden Tier- und Pflanzenarten: Die Alpen gehören mit etwa 30 000 **Tier-** und 13 000 **Pflanzenarten** zu den artenreichsten Gebieten Europas. Viele von ihnen sind in den Alpen endemisch; d. h., sie kommen nirgendwo sonst auf der Welt vor.

→107, 122
«Geröll und Schutt»; «Kältefeste Winzlinge»

Die Rhone entspringt wie die meisten großen Flüsse Mitteleuropas in den Alpen.

Junges Gebirge

Die Alpen gehören zu den vergleichsweise jungen Gebirgen: Noch vor 100 Millionen Jahren brandete im Bereich der heutigen Alpen das Urmeer Tethys. Als durch die Kontinentaldrift die afrikanische und die europäische Kontinentalplatte zusammenstießen, hob sich langsam der Meeresboden und die Alpenfaltung begann. Dieser Prozess ist nicht abgeschlossen: Noch heute wachsen die Alpen jährlich um bis zu einem Millimeter. Dass die Berggipfel trotzdem nicht ständig höher werden, liegt daran, dass **Frost-, Wind- und Wassererosion** den Zuwachs an Höhe gleich wieder abtragen.

→107 «Geröll und Schutt»

Menschen in den Alpen

Die Alpen wurden erst vor etwa 6500 Jahren zur Zeit der Höhlenbewohner besiedelt. Sie waren damals noch fast vollständig bewaldet; Weiden und andere waldfreie Flächen unterhalb der Waldgrenze entstanden erst durch die Rodungstätigkeit der früheren Bergbewohner. Durch ihre Gegenwart entwickelte sich auch die typische

Linke Seite: Dank der starken topografischen Strukturierung weisen Gebirge auf wenig Raum verhältnismäßig viele Lebensräume auf. Entsprechend groß ist ihre Artenvielfalt.

Oben: Noch immer heben sich die Alpen jährlich um bis zu einem Millimeter. Die Erosion trägt diesen Höhezuwachs aber zum allergrößten Teil gleich wieder ab.

Alpaufzug
8 «Vorbereitung für den Ausflug ins Gebirge»

Kulturlandschaft, die durch Ackerbau und **Viehwirtschaft** im Alpbetrieb geprägt ist. Weil die Berglandwirtschaft heute vielerorts nicht mehr konkurrenzfähig ist, verliert sie zunehmend an Bedeutung. Dies hat zahlreiche Auswirkungen auf den Alpenraum. Zum einen erobert sich der Wald die einst verloren gegangenen Flächen wieder zurück, zum anderen verändert sich aber auch die Bevölkerung und deren Einnahmequellen: Landwirtschaftliche Tätigkeiten werden immer mehr durch solche aus der Tourismusbranche ersetzt. Heute werden im Alpenraum jährlich rund 500 Millionen Touristen-Übernachtungen gezählt. Der Alpenraum gehört damit zu den größten **Tourismusdestinationen** der Welt. Im gesamten Alpenraum leben 13,6 Millionen Menschen. 40 % der Fläche ist nur im Sommer oder gar nie bewohnt.

Große Veränderungen

Murgang
129 «Bergwald und Naturgefahren»
99 «Schokolade-, Pferdeschweiß- und Pfirsichdüfte»
Alpenschneehuhn

Die Klimaerwärmung ist besonders in den Alpen spürbar: Die steigenden Temperaturen lassen die Gletscher schmelzen und tauen die Permafrostböden auf. Die Folge davon sind instabile Böden, die nicht selten zu Felsstürzen und Erdrutschen führen. Auch die zunehmenden meteorologischen Extremereignisse hinterlassen ihre Spuren: Trockenheit im Sommer führt zu mehr Bränden in Schutzwäldern und Dauerregen zu **verheerenden Murgängen**. Nicht alle Veränderungen sind aber so offensichtlich. So fällt es beispielsweise nicht so leicht auf, dass die milderen Temperaturen die Waldgrenze nach oben verschieben und dadurch Pflanzen, die bisher nur in tieferen Lagen überlebten, immer höher hinauf steigen. Problematisch ist das für Hochgebirgsarten wie das **Alpenschneehuhn** oder den **Himmelsherold**, da deren Lebensraum durch diese Entwicklung immer kleiner wird. Von der Klimaerwärmung sind aber nicht nur Pflanzen und Tiere betroffen, sondern auch die Menschen: Das wird spätestens dann klar, wenn ausgedünnte Schutzwälder Lawinen nur noch unzureichend zurückhalten oder der Wintertourismus wegen Schneemangel an Schwung verliert.

Rechts oben: Weideland am Simplonpass (Schweiz), einem der großen Nord-Süd-Pässe im westlichen Alpenraum.

Rechts unten: 500 Millionen Touristenübernachtungen werden im Alpenraum jährlich gezählt.

Eigenschaften des Gebirges

Wer ins Gebirge fährt, spürt am eigenen Leib, dass die Bedingungen in den Bergen anders sind als in tieferen Lagen.

Klima

Die klimatischen Verhältnisse in den Bergen wechseln häufiger, abrupter und sind extremer als im Flachland. Die Temperaturen sind generell tiefer, die Lufttrockenheit höher, die Winde stärker, die Vegetationszeit kürzer und die Bodenverhältnisse ungünstiger. Das setzt nicht nur **Spezialisierungen bei Pflanzen** und Tieren voraus, sondern erfordert auch angemessene Vorbereitung beim Wandern: Auf Bergwanderungen können Sie oft in überraschend kurzer Zeit eingenebelt werden. Auch an heißen Sommertagen sind Sie froh um warme Kleider, wenn unerwartet Wind aufkommt oder die Bewölkung zunimmt.

91← «Mit Haaren, Wachs und Pigmenten»
← Polster und Rosettenpflanzen

Im Gebirge kann sich das Wetter schnell ändern.

Rechts oben: Bei einer Inversionslage ist es unter der Nebeldecke kälter als in höheren Regionen.
Rechts unten: Nach einem sommerlichen Kälteeinbruch sind die Berggipfel verschneit.

Temperatur

Die Luft wird mit zunehmender Höhe kühler. Im Herbst und Winter nimmt die Temperatur etwa 0,4 °C pro hundert Höhemeter ab, im Frühling und Sommer etwa 0,7 °C. Eine Ausnahme bildet die sogenannte «Inversionslage». Sie tritt ein, wenn das Flachland während Tagen unter einer **Nebeldecke** liegt, während darüber strahlender Sonnenschein herrscht. In diesem Falle ist es über der Nebeldecke wärmer als darunter.

Nebelmeer

Dauer und Stärke des Frostes nehmen mit der Höhe zu, oberhalb von 3000 m ü. M. ist auch im Sommer jederzeit Frost und Schneefall möglich.

Strahlung

Die UV-Einstrahlung am Tag und die Ausstrahlung (Abkühlung, Wärmeverlust) bei Nacht sind stärker als in Tallagen. Bevor die Sonnenstrahlen den Erdboden erreichen, werden sie von Wassertröpfchen und Staubteilchen gestreut oder von der Luft aufgenommen und in Wärme verwandelt. In der dünnen Luft im Gebirge ist die Sonneneinstrahlung größer als im Unterland und die UV-Strahlung ist entsprechend stärker. Auf 1800 m ist sie doppelt so stark wie auf Meereshöhe. Auf 1600 m ist es im Sommer zwei Mal, im Winter sogar sechs Mal so hell wie auf Meereshöhe. Sie müssen

Dank dem Schnee ist es im Winter sehr hell im Gebirge.

sich öfters eincremen oder eine Sonnencreme mit einem stärkeren Schutzfaktor benutzen. Ungeschützt holen Sie sich im Gebirge viel schneller einen Sonnenbrand als im Unterland.

Niederschlag

Die jährliche Niederschlagsmenge und der Schneeanteil nehmen mit der Höhe zu, ebenso die **Bewölkung** im Gipfelbereich. Während die schneefreie Zeit auf der Sonnenseite auf 1000 m etwa neun Monate dauert, ist sie auf 2500 m nur noch etwa 3 Monate lang. Im Gipfelbereich sind Sie oft in den Wolken, während unten im Tal die Sonne ungehindert scheint.

→87 «Wolkenfahnen, Mischungsnebel und Brockengespenst»

Luftdruck

Der Luftdruck nimmt mit der Höhe ab. Auf Meereshöhe beträgt er ungefähr 760 mm Hg, auf 4300 m nur noch 450 mm Hg. Je kleiner der Luftdruck oder je größer die Meereshöhe, desto weniger Feuchtigkeit und CO_2 enthält die Luft, sie wird, mit anderen Worten, «dünner». Wenn Sie auf niedriger Meereshöhe leben, fühlen Sie am ersten Tag in den Bergen oft die ungewohnte Höhe. Vielleicht schlafen Sie daher schlecht oder leiden unter Kopfschmerzen. Treppensteigen oder Bergaufwandern scheint anstrengender als zu Hause. Sie fühlen sich in der trockenen Luft durstiger und brauchen mehr zu trinken.

Um die Gipfel schweben oft Wolken, während im Tal die Sonne scheint.

Wind und Exposition

Die Häufigkeit und Stärke des Windes nehmen mit der Höhe zu. Wind beeinflusst die Schneeverteilung, die Ausaperungszeit und damit die Zusammensetzung der Vegetation. Unterschiede zwischen Nord- und Südseite werden mit zunehmender Höhe immer größer. Kleinräumig kann die Exposition und damit die **Vegetation** alle paar Meter wechseln. Der Einfluss des Mikroklimas wird dabei immer wichtiger und kann Großklima und Meereshöhe überspielen. Sie können daher in großer Höhe oft an einer sonnigen Kuppe rasten, während es wenige Meter davon entfernt im Schatten und Wind bereits sehr ungemütlich ist.

30← «Zu kurze Vegetationszeit»

Fragen

- Die Vegetationszeit nimmt mit zunehmender Höhenlage ab. Wie viel länger dauert sie auf 1000 m ü. M. im Vergleich zu 2500 m ü. M.?
- Welches Wetter herrscht über der Waldgrenze bei einer Inversionslage?

188← Antworten

Wind und Exposition beeinflussen die Ausaperung.

Höhenstufen

Höhenstufen werden vor allem durch die Dauer der **Vegetationszeit** bestimmt. Diese werden von den jeweiligen Durchschnittstemperaturen beeinflusst. Bei einer Reise vom Flachland in die Berge sind die Veränderungen in der Vegetation mit zunehmender Höhe deutlich zu erkennen: Die Buchenwälder der tiefen Lagen werden von Nadelwäldern abgelöst und die Äcker und Felder von Wiesen und Weiden. Die verschiedenen Höhenstufen bilden dabei keine starren Grenzen, sondern gehen oft fließend ineinander über. Die deutlichste Grenze bildet die **Waldgrenze**, welche den Übergang von waldfähigen Standorten zu den niedrigen **alpinen Rasen** anzeigt und für jedermann leicht zu erkennen ist.

→150 «Pionierpflanzen im Hochgebirge»

→30 «Wald- und Baumgrenze im Gebirge»

→110 «Alpine Rasen»

Je nach Breitengrad, regionalem Klima und Exposition sind die Höhenstufen sehr variabel. Wegen der größeren Sonneneinstrahlung in den Zentral- und Südalpen liegen die Höhenstufen in diesen Regionen deutlich höher als in den Nordalpen oder im Jura. Auch zwischen Sonnen- und Schattenseite eines Tals gibt es Unterschiede. Mit zunehmender Höhe werden die Umweltbedingungen extremer, und die Wirkung des Schattens nimmt zu. In der alpinen Stufe sind die Unterschiede noch größer, weil der Wald als ausgleichender Faktor fehlt.

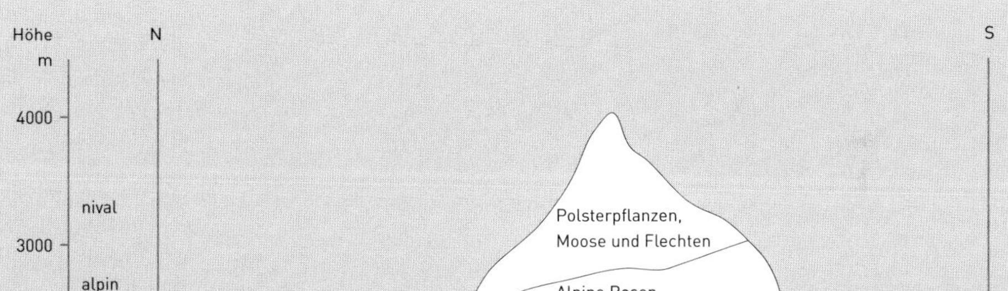

Die Höhenstufen im Gebirge.

Kolline Stufe (Hügelstufe)

	Bis zur oberen Verbreitungsgrenze der Eiche (ca. 800 m ü. M.)
Vegetation	Sommergrüne, wärmeliebende Laubwälder mit Eiche, Linde, Nussbaum und Hagebuche
Nutzung	Vor allem durch Wein- und Ackerbau

Montane Stufe (Mischwaldstufe)

	Bis zur oberen Verbreitungsgrenze der Buche (bis ca. 1000 m ü. M.)
Vegetation	Laubmischwälder mit Buchen, Weißtannen, Bergahorn
Nutzung	Ackerbau, Wiesen und Weiden

Subalpine Stufe (Bergwaldstufe)

	Bis zur Waldgrenze (ca. 1900 m ü. M. auf der Alpennordseite; ca. 2400 m ü. M. in den Zentralalpen)
Vegetation	Nadelwälder mit Fichte, Föhre, Lärche, Arve. Die Vegetationszeit dauert länger als 100 Tage.
Nutzung	Weidenutzung. Oft nur im Sommer Alpbetrieb und nicht mehr ganzjährig bewohnt.

Alpine Stufe (Rasenstufe)

	Bis ca. 2900 m ü. M.
Vegetation	Rasen, Schuttvegetation und in Gunstlagen Zwergsträucher. Die Vegetationszeit dauert 60–80 Tage.
Nutzung	Im Sommer Alpbetrieb

Nivale Stufe (Schneestufe)

	Ab ca. 2900 m ü. M.
Vegetation	Blütenpflanzen kommen nur noch an mikroklimatischen Gunstlagen (südexponierten oder rasch ausapernden Stellen) vor. Reich der Moose, Algen und Flechten, die bis auf die höchsten Gipfel steigen können.
Nutzung	keine

Beobachtungstipps

- Versuchen Sie, die verschiedenen Höhenstufen aus der Landschaft herauszulesen. Lassen Sie sich von Schwierigkeiten nicht entmutigen: Die Abstufungen sind in der Natur niemals so eindeutig, wie die Tabelle suggeriert!
- Nicht nur die Natur, auch die menschlichen Aktivitäten haben ihre Höhenstufen. Versuchen Sie, die unterschiedlichen Bewirtschaftungen auf den Sonnen- und Schattenseiten der Täler zu erkennen.

Fragen

- Auf welcher Seite des Tales steigt die Waldgrenze im Allgemeinen höher; auf der Sonnen- oder auf der Schattenseite?
- Ab welcher Höhenstufe gibt es keinen kommerziellen Weinbau mehr?
- Welche Höhenstufe folgt oberhalb der Waldgrenze?
- Weshalb gibt es überhaupt verschiedene Höhenstufen?
- Warum sind die Höhenstufen variabel?

→188 Antworten

Die unterschiedlichen Vegetationsstufen; hier von unten nach oben die subalpine, alpine und nivale Stufe.

Wald- und Baumgrenze im Gebirge

Die Höhenstufen gehen meist fließend ineinander über, doch die Waldgrenze ist eine klare, auffällige Grenze. Von einer bestimmten Höhe an sind die Sommer zu kurz, als dass Wald und Bäume wachsen könnten. Es sind nicht Extremtemperaturen im Winter, sondern zu tiefe Temperaturen im Sommer, die das Wachstum der Bäume von einer bestimmten Meereshöhe an verunmöglichen. Die Waldgrenze ist klimatisch beeinflusst. Allerdings verläuft sie in vielen Gebieten im Alpenraum tiefer als es von Natur aus möglich wäre, weil sie durch forst- und **landwirtschaftliche Nutzung** nach unten gedrückt wurde.

← Alpaufzug

Die Waldgrenze ist die Linie am oberen Rand eines geschlossenen Waldes. Oberhalb dieser Linie wachsen nur noch einzelne Baumgruppen und Einzelbäume. Bei den höchstgelegenen Bäumen verläuft die Baumgrenze. Die Waldgrenze wird in den Nordalpen auf etwa 1900 m ü. M. von **Fichtenwald** gebildet. Weil in den Süd- und Zentralalpen die Sommer wärmer und strahlungsreicher sind, verläuft die Waldgrenze des Lärchen-Arvenwalds auf etwa 2400 m ü. M.

← Fichte

Zu kurze Vegetationszeit

Mit zunehmender Meereshöhe sinken die Temperaturen. Die Sommer sind kühler und kürzer und die Winter länger und kälter. Die Vegetationszeit, in der Pflanzen wachsen können, wird deshalb immer kürzer. Von einer bestimmten Höhe über Meer an ist die Vegetationszeit zu kurz für Laubbäume, die jedes Jahr neue Blätter produzieren müssen. Doch für die **Lärche**, die zu den am höchsten steigenden Baumarten gehört, reicht auch eine kurze Vegetationszeit aus, um jährlich ihre Nadeln zu erneuern. Lärchennadeln sind im Vergleich zu denen von anderen Nadelbäumen richtige Billigprodukte. Das macht aber nichts, da sie nur für eine Saison gebraucht werden.

134← «Typische Bäume des Bergwaldes»

Von einer bestimmten Höhe an sind die Sommer dann auch für Nadelbäume zu kurz. Wenn Nadelbäume nicht mehr genug Energie produzieren können, werden die Außenschichten ihrer Nadeln nicht mehr richtig ausgebildet und schützen die Bäume nicht mehr ausreichend vor Verdunstung. Damit steigt das Risiko für Frosttrocknisschäden. Diese entstehen, wenn die Nadeln erwärmt werden und dabei Wasser verdunsten, der Boden aber noch gefroren ist und es daher zu keinem Wassernachschub kommen kann. Die Triebe der Bäume trocknen dadurch immer mehr aus. Im schlimmsten Falle können die Bäume auf diese Weise verdursten.

Von einer bestimmten Höhe an schränkt die kurze, kühle Vegetationszeit auch die Aktivität der Bodenlebewesen und der für die Bäume überlebenswichtigen

Rechte Seite: Mit dem Begriff «Waldgrenze» wird die Linie am oberen Rand des geschlossenen Waldes bezeichnet. «Baumgrenze» meint hingegen die Linie zwischen den höchstgelegenen Bäumen.

Mykorrhizapilze ein. Dies beeinträchtigt die Wasser- und Nährstoffaufnahme durch die Wurzeln.

Im Bereich der Baumgrenze sind die Bäume von Wind und Wetter gezeichnet. Sie wachsen niedriger und sehen jünger aus, als sie sind: Wenige Meter hohe Fichten können bereits über zweihundertjährig sein. Im Zusammenhang mit der Klimaerwärmung beobachten Wissenschafter ein Ansteigen der Waldgrenze. Wenn der Wald höher steigt, verkleinert sich unter anderem der Lebensraum für Murmeltiere und für lichtliebende Alpenpflanzen.

Beobachtungstipps

› Suchen Sie im Bergwald nach abgesägten Stämmen und zählen Sie die Jahrringe. Vermutlich werden Sie feststellen, dass viele Bäume viel älter sind, als sie aussehen!
› Versuchen Sie im Gelände Wald- und Baumgrenzen zu unterscheiden.

Fragen

› Was ist der Unterschied zwischen der Wald- und der Baumgrenze?
› Welche Temperaturen beeinflussen die Wald- und Baumgrenze stärker; die Sommer- oder die Wintertemperaturen?
› Wie entstehen Frosttrocknisschäden?

→188–189
Antworten

Herkunft der Alpenpflanzen

Wer erwartet auf einer Bergwanderung, Steppenpflanzen aus Asien anzutreffen? – Tatsächlich stammen viele Alpenpflanzen ursprünglich aus osteuropäischen oder zentralasiatischen Steppengebieten. **Edelweiß** *(Leontopodium alpinum)*, Alpen-Aster *(Aster alpinus)*, Enzian- und Alpenrosen-Arten wurden erst nach den Eiszeiten in Mitteleuropa heimisch. Als Pflanzen, die an ein kontinentales Steppenklima angepasst sind, erfüllen sie gleichzeitig auch die Bedingungen, um im Hochgebirge überleben zu können. Sie sind angepasst an gelegentliches Austrocknen und unempfindlich gegenüber starker Sonneneinstrahlung, großen Temperaturunterschieden und starkem Wind.

111← Kasten «Wo findet man das Edelweiß?»

← Edelweiß

Tertiärflora

Vor 50 Mio. Jahren, im Erdzeitalter Tertiär, als die Gebirgsbildung der Alpen in vollem Gange ware, bestanden zwischen fast allen Kontinenten Landbrücken, sodass sich Pflanzen über große Teile der Erde ausbreiten konnten. Die Alpen befanden sich damals im Bereich eines subtropischen Klimas mit einer Temperatur von 22 °C im Jahresmittel. Im Flachland wuchsen wärmeliebende Pflanzen wie Palmen und Amberbaum, während sich in den kühleren Höhenlagen eine krautige Vegetation entwickelte. **Kleinwüchsige Verwandte** davon wachsen noch heute in den Alpen, zum Beispiel Frauenmantel- oder Hauswurz-Arten.

45← «Zwergwuchs – eine Erfolgsstrategie»

Flora der Eiszeiten

Am Ende des Tertiärs wuchs in den Alpen eine sehr artenreiche Flora, welche die Grundlage der heutigen Flora bildet. Klimaabkühlungen führten zum Verschwinden von wärmebedürftigen Arten. Pflanzen aus Skandinavien konnten unter den kühleren Bedingungen die Tiefebenen überwinden und sich Richtung Alpen ausbreiten. Umgekehrt wanderten Alpenpflanzen mit den Gletschern in die Tiefebenen und gelangten bis nach Skandinavien (z. B. **Schwarzes Kohlröschen** *(Nigritella nigra)* und Bärtige Glockenblume *(Campanula barbata)*).

← Bärtiges Kohlröschen

Aktuelle Flora

Einige Gebiete in den Alpen sind artenreicher als andere. Dieser Artenreichtum wurde gefördert durch besondere klimatische Verhältnisse mit trockenen, strahlungsreichen Sommern, Böden aus vielfältigen Gesteinen sowie günstigen Bedingungen für Pflanzen während den Eiszeiten. Viele Gipfel waren eisfrei (sogenannte Nunatakker), sodass auf ihnen einige Pflanzenarten die Eiszeiten überdauern konnten. Zusätzlich zu solchen Glazialrelikten wurde die Flora mit Pflanzen aus allen Himmelsrichtungen bereichert. Viele Arten konnten nach dem Ende der letzten Eiszeit vor etwa 10 000 Jahren rechtzeitig einwandern und die ausgedehnten **Gletschervorfelder** besiedeln, bevor dies wegen der Bewaldung nicht mehr für alle Arten möglich war. 4000 Jahre später breiteten sich in tieferen Lagen Wälder aus, welche für viele lichtliebende Arten unüberwindbare Hindernisse bildeten.

→147 «Gletschervorfelder»

Die Immergrüne Bärentraube *(Arctostaphylos uva-ursi)* ist aus Nordamerika eingewandert.

Herkunftsgebiete heutiger Alpenpflanzen

Steppengebiete Osteuropas und Zentral- und Ostasiens	Enzian- und Rhododendron-Arten, Edelweiß *(Leontopodium alpinum)*
Aus Nordamerika (via Asien, über die Landbrücke an der Stelle der heutigen Bering-Straße)	Arnika *(Arnica montana)*, Immergrüne Bärentraube *(Arctostaphylos uva-ursi)*
Mittelmeerraum	Narzissen und Krokus-Arten, Federgräser
Skandinavien	Gletscher-Hahnenfuß *(Ranunculus glacialis)*, Frauenmantel-Arten *(Alchemilla Agg.)*

Oben: Arnika *(Arnica montana)*
Unten: Die Gattung der Enziane ist in den Alpen mit mehreren Arten vertreten.

15 % aller Alpenpflanzen sind endemisch; d. h. sie wachsen nur in den Alpen.

Beobachtungstipp

Schauen Sie sich in der «Natur-erleben»-App oder einem Bestimmungsbuch die im Text erwähnten Pflanzen an und versuchen Sie diese auf Ihrer nächsten Bergwanderungen zu finden.

Fragen

- Welche Eigenschaften haben Steppen- und Alpenpflanzen gemeinsam?
- Wann wuchsen Palmen im Alpenraum?
- Was sind Nunatakker?
- Wann ist eine Pflanze ein Glazialrelikt?
- Welche Alpenpflanze mit gelben Blüten stammt aus Nordamerika?
- Woher stammt das Edelweiß?

→189 Antworten

Krokusse können dank Reserven in den Zwiebeln gleich nach der Schneeschmelze blühen.

Frühling

6
3
1
4
5
2
7
8

Einleitung Frühling

Auf den Berggipfeln liegt noch Schnee, doch in den rauschenden Bergbächen sprudelt bereits viel Schmelzwasser talwärts. Von unten nach oben breitet sich unaufhaltsam der Frühling aus. Auf den tiefer gelegenen Alpweiden blühen zwischen den Schneeflecken Krokusse und Soldanellen, und es riecht nach Erde und frischem Gras. In den aufgetauten Bergseen laichen Grasfrösche, und an sonnigen Plätzchen wärmen sich Vipern an der Frühlingssonne. Erste Bergwanderer hören Vögel zwitschern und die Rufe der Murmeltiere von den Felsen widerhallen. Die Murmeltiere sind aus dem Winterschlaf erwacht und tollen noch etwas mager auf den grünenden Alpweiden herum. Früh am Morgen zur Birkhahnbalz kullern die Birkhähne. Trotz diesen Frühlingszeichen kann es immer noch bis in tiefe Lagen schneien.

Vögel im Gebirge

Im Frühling fallen die zahlreichen Vogelarten im Gebirge besonders auf: Bis weit über die Waldgrenze hört man sie singen, kann sie beim Segeln in günstiger Thermik oder bei spektakulären Balzritualen beobachten. Trotz der Artenvielfalt gibt es aber nur wenige Arten, die ausschließlich im Hochgebirge leben. Viele typische Alpenvögel sind auch im Tiefland, an der Meeresküste und selbst in den Städten heimisch. Das gilt zum Beispiel für die **Bergdohlen** und Alpensegler, welche auch in den felsigen Steilküsten am östlichen Mittelmeer zu beobachten sind, oder die Alpenkrähen, welche die britische und irische Atlantikküste besiedeln. Adler segeln auch über nord- und osteuropäischen Ebenen und brüten dort auch auf Bäumen, wenn geeignete Felsen fehlen. Trotzdem gibt es auch einige wirklich typische Gebirgsvögel. Dazu zählen der Schneesperling, der Bergpieper, die Alpenbraunelle sowie das **Schnee-** und das Steinhuhn.

← Bergdohlen

179← «Wenn das Herz vor Schreck fast stehenbleibt»

Schneesperling *(Montifringilla nivalis)*

← Schneesperling

Lebensraum	Steinige Rasen, Moränen, Schutthalden in der Nähe steiler Felsen. Lebt in Höhen ab 1900 m ü. M.
Merkmale	Hat einen braunen Rücken und schwarz-weiße Flügel, die besonders im Flug auffallen. Sucht zwischen Steinen und Gräsern nach Spinnen, Insekten, Beeren, Knospen und Samen. Trillernder Gesang, der auch im Flug vorgetragen wird.
Besonderes	Der Schneesperling nistet in Felsspalten, im Geröll oder in Nischen von Gebäuden und Lawinenverbauungen. Er ist oft in Gruppen auf der Futtersuche. Der Schneesperling ist nur bei starkem Schneefall unterhalb der Waldgrenze zu finden.

Alpenbraunelle *(Prunella collaris)*

→ Alpenbraunelle

Lebensraum	Sonnige, steile und felsige Hänge ab etwa 2000 m ü. M. Ist bis auf über 3000 m ü. M. zu beobachten.
Merkmale	Sieht dem Haussperling ähnlich, ist grau-schwarz gesprenkelt mit rötlichen Seitenfedern. Die Beine sind bräunlich gelb. Sucht oft hüpfend am Boden nach Insekten und Samen. Zwitschernder, für einen Vogel dieser Größe erstaunlich lauter Gesang.
Besonderes	Die Alpenbraunelle nistet in Felsnischen und Bodenmulden. Kann sehr zutraulich sein, z. B. in der Umgebung von Bergstationen und Berghütten. Fliegt in sehr kalten Wintern in die Täler hinunter.

Bergpieper *(Anthus spinoletta)*

→ →
Bergpiper

Lebensraum	Zwergstrauchheiden, Bergwiesen mit Bächen und Felsen auf 1800–2800 m ü. M.
Merkmale	Unauffällig graubraun mit weißem Überaugenstreif. Sein Schnabel und seine Beine sind schwarz. Sucht am Boden und auf Steinen nach Spinnen, Insekten und Samen. Sein Gesang erinnert an Bewässerungsanlagen mit Sprinkler.
Besonderes	Der Bergpieper nistet am Boden zwischen Steinen und Grasbüscheln. Er überwintert in schneearmen Regionen im Gebirge und in Riedgebieten in tieferen Lagen.

Steinhuhn *(Alectoris graeca)*

Steinhuhn

Lebensraum	Sonnige, sehr steile Grashänge zwischen 500 und 2700 m ü. M., die mit Felsen und Geröll durchsetzt sind.
Merkmale	Hühnergroßer, grauer Vogel mit schwarz-weiß gesprenkelten Seiten, rotem Schnabel und roten Füßen, weißen Wangen und schwarzem Band, das sich in einem Bogen um die Augen und um die Kehle zieht. Frisst Pflanzen und Samen, hat einen auffallend schnarrenden Ruf.
Besonderes	Das Steinhuhn hält sich vor allem am Boden auf. Es versteckt sich bei Gefahr oder flieht durch einen plötzlichen Flug hangabwärts. Das Steinhuhn nistet geschützt unter Steinen oder Büschen am Boden und schließt sich im Winter zu größeren Gruppen zusammen. Bei starkem Schneefall zieht es sich entweder in niedrigere Lagen zurück oder steigt in höhere Lagen, wo der Schnee an Steilhängen rasch abgleitet und das Gras wieder erreichbar ist.

Geeignet für ein Leben im Gebirge

22← «Eigenschaften des Gebirges»

Vögel brauchen keine besonderen körperlichen Anpassungsfähigkeiten, um im **Hochgebirge** leben zu können. Im Gegensatz zu den Säugetieren, die in großen Höhen mit dem geringeren Sauerstoffgehalt der Luft und der Kälte zu kämpfen haben, sind diese Faktoren für Vögel kein Problem. Ihre Federn bieten besseren Schutz gegen die Kälte als jedes Fell, egal, ob sie im Flachland leben oder im Hochgebirge. Auch ist die Vogellunge leistungsfähiger gebaut als diejenigen der Säugetiere. Das Blut der Vögel kann dadurch viel mehr Sauerstoff aufnehmen, was Sauerstoffmangel in großer Höhe verhindert. Deshalb gibt es auch so viele Vogelarten, die nicht nur in tiefen Lagen, sondern zumindest im Sommer auch in den Bergen leben können. Nur Meeresvögel oder Arten weiter, offener Ebenen kommen im Gebirge nicht vor, weil sie dort keine geeigneten Lebensräume finden konnten.

Bedrohte Rückzugsgebiete

Viele Vogelarten, die früher auch in tieferen Lagen verbreitet waren, kommen heute fast nur noch in den Bergregionen vor; so zum Beispiel das **Braunkehlchen** *(Saxicola rubetra)* und das Haselhuhn *(Etrastes bonasia)*. Sie haben sich in die Berge zurückgezogen, weil in tieferen Lagen geeignete Lebensräume und Rückzugsmöglichkeiten nicht mehr vorhanden sind. Doch auch im Gebirge nimmt der Druck auf diese Vögel zu: Mit der Klimaerwärmung verändern sich nicht nur die Durchschnittstemperaturen, auch Extremereignisse wie Stürme und heftige Niederschläge nehmen zu. Aber auch die Aufgabe traditioneller Formen der Berglandwirtschaft wirkt sich negativ auf viele Arten aus, da zahlreiche Flächen unterhalb der Waldgrenze heute nicht mehr bewirtschaftet werden und dadurch verbuschen und mit der Zeit wieder völlig von Wald bewachsen werden. Damit verschwinden die artenreichen Wiesen, in denen Haselhuhn, Braunkehlchen und viele andere Arten ihr Futter haben finden können.

Braunkehlchen

Braunkehlchen *(Saxicola rubetra)*

Beobachtungstipps

- Achten Sie auf Bergwanderungen auf Vogelstimmen, die Ihnen aus der Stadt bekannt sind (z. B. Hausrotschwanz).
- Viele Vögel im Gebirge haben sich an die Menschen gewöhnt. Sie lassen sich besonders gut bei Bergstationen, Bergrestaurants oder populären Ausflugsgipfeln beobachten.
- Beobachten Sie, wie Alpendohlen die Thermik für ihre stundenlangen Gleitflüge nutzen.

Fragen

- Alpendohle und Alpenkrähe kommen sowohl in den Alpen als auch an Meeresküsten vor. Was ist der Grund dafür?
- Welche Vorteile haben Vögel im Hochgebirge gegenüber Säugetieren in Bezug auf ihren Körperbau?
- Welcher Alpenvogel ernährt sich fast nur vegetarisch?

189← Antworten

Zwergwuchs – eine Erfolgsstrategie

Unter den oft extremen Klimabedingungen im Gebirge lohnt es sich für Pflanzen, klein zu bleiben: Mit ihrem niedrigen Wuchs können sie die Bodenwärme stärker ausnützen und sind besser vor Wind geschützt; sie verdunsten weniger Wasser, erhalten rascher Wassernachschub aus dem Boden und sind im Winter unter einer Schneedecke **vor der Kälte gut geschützt**. Zwergwüchsige Pflanzen sind nicht einfach nur kleiner, sondern bilden auch spezielle **Zwergwuchsformen**:

→175 «Wie Pflanzen überwintern»

→108 «Fünf Strategien, den Schutt zu besiedeln»

Polster

Der Haupttrieb der **Polsterpflanzen** verzweigt sich dicht am Boden. Die Seitentriebe verzweigen sich regelmäßig, sodass ein in sich geschlossenes, halbkugeliges Gebilde entsteht. Im Innern eines solchen Polsters ist es windstill, was ein wärmeres Mikroklima und eine geringe Verdunstung von Feuchtigkeit mit sich bringt. Polsterbildende Bergpflanzen sind zum Beispiel die zahlreiche **Mannsschild- und Steinbrech-Arten** sowie die Polstersegge.

→ Polsterpflanzen

→67 «Pflanzen auf Felsen und in Spalten»

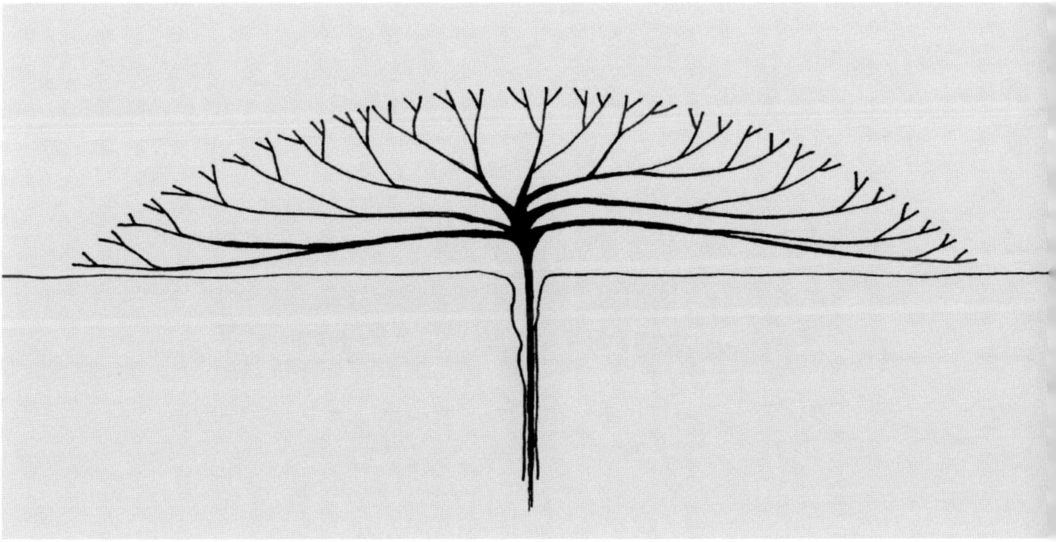

Schematischer Querschnitt durch ein Polster.

Rosetten-bildende Pflanzen

Rosette

Die untersten Blätter bilden dicht am Boden einen Blattkranz, den nur die Blüten überragen. Rosetten kann man zum Beispiel beim Hungerblümchen *(Erophila verna)* sowie bei Primel- und Hauswurz-Arten beobachten.

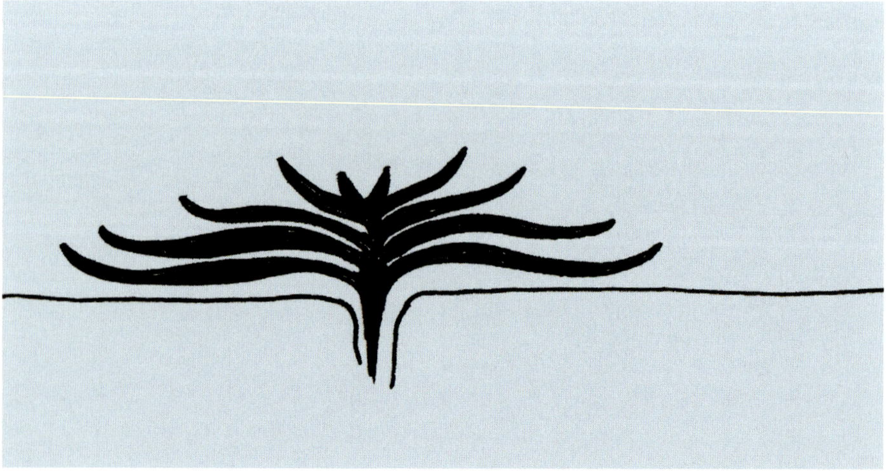

Oben: Polstersegge *(Carex firma)*

Unten: Schematischer Querschnitt durch eine Rosette.

Horste

Einzelne Pflanzen bilden aus vielen, dicht aneinanderliegenden Trieben kleine Rasenbüschel, die zusammen einen Horst ergeben. Horste sieht man bei vielen Gräser-, Seggen-, Edelrauten- und Nelken-Arten.

→ Horst-bildende Pflanzen

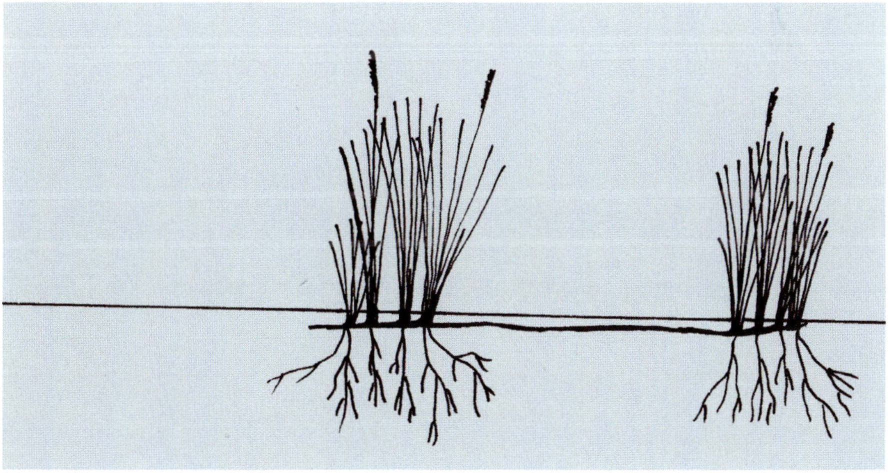

Oben: Die dicht behaarte Spinnweb-Hauswurz *(Sempervivum arachnoideum)* ist gut gegen Verdunstung und starke Sonnenstrahlung geschützt.

Unten: Schematischer Querschnitt durch einen Horst.

Spalier-bildende Pflanzen

Spalier

Spalier-bildende Gebirgspflanzen erwecken den Anschein, als ob ihre Blätter und Stängel dem Boden entlangkriechen würden. Typische Spalierarten sind die Weiße Silberwurz *(Dryas octopetala)*, die Alpenazalee *(Loiseleuria procumbens)* und die Stumpfblättrige Weide *(Salix retusa)*.

Oben: Die Sumpfblättrige Weide *(Salix retusa)* profitiert von der Bodenwärme.

Unten: Schematischer Querschnitt durch einen Spalier.

Beobachtungstipp

Versuchen Sie, den verschiedenen Typen von Zwergwuchsformen entsprechende Pflanzen zu zuordnen und diese mithilfe der «Natur-erleben»-App oder eines Pflanzenführers zu bestimmen.

Fragen

- Welche Vorteile bringt der Zwergwuchs den Pflanzen im Gebirge?
- Warum können nicht alle Pflanzenarten Zwergwuchsformen bilden?

→190 Antworten

Von Erde unbedeckter Horst der Immergrünen Segge *(Carex sempervirens)*.

Murmeltiere

Je nach Region erwachen Murmeltiere *(Marmota marmota)* im April oder erst im Mai aus ihrem Winterschlaf. Eine neue, kurze und intensive Saison liegt vor ihnen. Bevor sie sich im Oktober wieder für den Winterschlaf zurückziehen, müssen sie Nachwuchs gebären und Fettreserven für den nächsten Winterschlaf anfressen. Doch mit den zunehmenden Temperaturen im Sommer wird dies immer schwieriger: Murmeltiere sind zwar gut an Kälte angepasst, doch sie ertragen Hitze nur schlecht. Da ihr Pelz auch im Sommer sehr dicht ist und sie weder schwitzen noch hecheln können, kommen sie bereits bei Temperaturen von 20 °C in Hitzestress. Man kann sie aber auch noch auf 3000 m ü. M. beobachten, falls ein ausreichendes Futterangebot vorhanden ist. Murmeltiere sind damit echte **Hochgebirgsbewohner**.

27← «Höhenstufen»

Wenn die Siesta stressig wird

Murmeltiere sind von Tagesanbruch bis zum späten Vormittag aktiv und futtern dabei zarte Alpenkräuter und Gräser. Damit sie genügend Fettreserven für den Winter anfressen können, sollten sie pro Tag etwa 500 g Kräuter und Gräser zu sich nehmen. Das entspricht ungefähr 10 Prozent ihres Körpergewichts im Herbst! Während der heißen Mittagsstunden ziehen sie sich dann in ihren schattigen Bau zurück und kommen erst wieder am späteren Nachmittag ans Tageslicht. Sie vermeiden mit diesem Verhalten, allzu sehr den warmen Mittagstemperaturen ausgesetzt zu sein.

Wenn im Zusammenhang mit dem Klimawandel die sommerlichen Temperaturen steigen und es während des Tages für Murmeltiere zu heiß wird, bleiben sie länger in ihrem Bau. Ihre Siestazeit wird dadurch unfreiwillig verlängert, weshalb ihnen weniger Zeit zum Fressen bleibt. Sobald es dunkel wird, ziehen sie sich in ihre Bauten zurück. **Murmeltiere** sind tagaktiv und können die fehlende Zeit zum Fressen nicht einfach in den kühlen Abendstunden oder in der Nacht kompensieren.

← Murmeltiere

Kurzfristig betrachtet, scheinen einige der weltweit 14 Murmeltierarten zunächst vom Klimawandel zu profitieren. Sie können mehr Junge aufziehen und sich vermehren. Doch längerfristig könnte sich der Lebensraum aller Murmeltierarten durch die Erhöhung der Durchschnittstemperaturen und dem damit verbundenen Aufsteigen der **Baumgrenze** verkleinern.

16← «Die Alpen – ein Kurzporträt»

Abnehmen im Winterschlaf

Ein kompliziertes Wechselspiel zwischen abnehmender Tageslänge, hormonellen Veränderungen und dem Jahresrhythmus ihrer inneren Uhr leitet im Herbst ihren **Winterschlaf** ein. Dabei sinkt die Körpertemperatur der Tiere von 39 °C auf ungefähr 7 °C. Gleichzeitig verlangsamt sich ihr Herzschlag von ca. 100 Schlägen pro Minute auf nur noch zwei bis drei. Ihre Atmung setzt minutenlang aus. Trotz diesen dramatischen Einschränkungen der Lebensfunktionen wird die Körpertemperatur nach wie vor strikte reguliert: Sinkt sie nämlich unter einen bestimmten Wert, so reagiert eine Art körpereigener «Thermostat», welcher durch das Verbrennen von Fettreserven die Tiere wieder auf die erforderlichen 7 °C erwärmt.

→162 «Überwintern im Gebirge»

Ein **Murmeltier** muss sich im Verlauf des Sommers so viele Fettreserven anfressen, dass es während des Winterschlafs den Verlust von bis zu 50 Prozent seines Körpergewichts überleben kann. Im Herbst wiegen ausgewachsene Tiere daher bis zu 5 Kilogramm. Murmeltiere überwintern in Gruppen von bis zu 20 Tieren. Ihre Überwinterungsbauten liegen bis zu sieben Meter tief unter dem Boden und sind daher von der Außenwelt gut geschützt. Die Tiere liegen dort eingerollt und dicht

→ Abgemagertes, junges Murmeltier nach seinem Winterschlaf

Murmeltiere in den Alpen.

aneinandergeschmiegt beieinander. Sie vermindern so gegenseitig den Verlust von Wärme, was vor allem für die Jungtiere überlebenswichtig ist, da sie in ihrem ersten Sommer noch nicht ausreichend Zeit haben, um große Fettreserven anzufressen. Außerdem ist ihre Körperoberfläche im Verhältnis zum Körpervolumen größer als bei den ausgewachsenen Tieren, sodass sie mehr Wärme abstrahlen. Jungtiere sind deshalb am meisten gefährdet, im Frühling nicht mehr aufzuwachen.

Pfiff oder Schrei?

Zwar erinnern die Murmeltierlaute ganz klar an **Pfiffe**, physiologisch gesehen sind es aber Schreie. Grund: Sie werden durch den Kehlkopf und nicht durch die Lippen- und Zungenstellung erzeugt.
Mit mehreren Pfiffen hintereinander wird vor Bodenfeinden wie dem Fuchs, aber auch vor Menschen gewarnt. Ein einziger Pfiff warnt vor dem Adler oder anderen Feinden aus der Luft. Die Murmeltiere bringen sich dabei in ihren weit verzweigten Bauten unter der Erde in Sicherheit. Ihre Gänge können eine Länge von 70 m und mehr erreichen.

→ Murmeltierpfiff

Alpen-Klee und Alpen-Mutterwurz

Murmeltiere fressen Gräser, Kräuter, Samen und selten auch Insekten. Besonders gerne fressen sie Alpen-Klee *(Trifolium alpinum)* und Alpen-Mutterwurz *(Ligusticum mutellina)*, auch «Mutternkraut» genannt. Beide Arten haben einen hohen Gehalt an Omega-6-Fettsäuren. (Diese wirken sich übrigens im Alpkäse auch günstig auf den Menschen aus.) Murmeltiere bilden aus diesen Pflanzen ein für den Winterschlaf besonders geeignetes Speicherfett. Mit diesem «Hochleistungsfett» verlieren sie während des Winterschlafs weniger Gewicht und können fehlendes Körperfett kompensieren.

Linke Seite: Murmeltier im Spätsommer; die Fettreserven am Körper sind bereits gut sichtbar.

Bär, Katze, Äffchen und Kätzchen

← Junge Murmeltiere

Murmeltiere leben in Familienverbänden, die von einem dominanten Paar, dem sogenannten **Bär** und der **Katze**, geführt werden. Nur sie paaren sich. Nach etwa 34 Tagen kommen ein bis sechs Junge, Kätzchen oder Äffchen genannt, zur Welt. Sie sind in den ersten Tagen ihres Lebens noch blind und öffnen die Augen erst nach einigen Tagen. Bereits im Hochsommer werden sie entwöhnt und können dann mit Glück beim Spielen vor dem Bau beobachtet werden. Murmeltiere sind nach zwei Jahren ausgewachsen und verlassen die Kolonie. Bär und Katze markieren mit einem Sekret aus den Wangendrüsen das Familienterritorium. Murmeltiere können bis 15-jährig werden. Wenn man im Frühling auf vereinzelten Schneeflecken Murmeltierspuren entdeckt, sieht man, dass sie an den Hinterfüßen fünf, aber an den Vorderfüßen nur vier Zehen haben.

Alpen-Mutterwurz *(Ligusticum mutellina)* – die Lieblingsnahrung der Murmeltiere.

Jagd

Während das Murmeltier in Deutschland geschützt ist, wird es in Österreich und der Schweiz gejagt. Dabei werden jährlich einige Tausend Tiere erlegt. Nur die wenigsten von ihnen landen aber in der Küche: Die Zubereitung ihres Fleisches mit seinem speziellen erdig-aromatischen Eigengeschmack ist aufwändig und kennt nur eine beschränkte Zahl Liebhaber. Noch heute werden aus Murmeltierfett Salben hergestellt, die bei rheumatischen Beschwerden oder Zerrungen helfen sollen.

Beobachtungstipps

- Murmeltiere sind meist nicht besonders schwer zu entdecken – sie verraten sich durch ihre Warnpfiffe. Wenn Sie einen solchen hören und dann ein bisschen Geduld haben, so können Sie beobachten, wie die Tiere nach einer Weile wieder vorsichtig ihren Bau verlassen.
- Sollten Sie das Glück haben, einen einzigen, isolierten Murmeltierpfiff zu hören, dann suchen Sie unbedingt den Himmel ab: Mit großer Sicherheit können Sie irgendwo einen Adler oder sonst einen Raubvogel entdecken.

Fragen

- In welchen Höhen leben die Murmeltiere?
- Wie lange dauert ihre Sommersaison ungefähr?
- Warum ertragen Murmeltiere die Hitze schlecht?
- Warum sind hohe Sommertemperaturen für die Überwinterung ein Nachteil?
- Warum sind vor allem Jungtiere gefährdet, den Winterschlaf nicht zu überleben?
- Was fressen Murmeltiere am liebsten?
- Was haben junge Murmeltiere und junge Katzen gemeinsam?
- Wozu dient dem Murmeltier die Wangendrüse?
- Warum ist der Ruf der Murmeltiere ein Schrei und kein Pfiff?
- Wie oft ruft ein Murmeltier, um vor einem Adler zu warnen?
- Wie unterscheiden sich die Vorder- und Hinterfüße des Murmeltiers?

→190–191
Antworten

für das Leben in starken Strömungen. Bei den Eintagsfliegenlarven fallen beispielsweise die abgeplatteten Körper auf, die der Strömung wenig Angriffsfläche bieten. Steinfliegenlarven wiederum haben kräftige Krallen und Lidmückenlarven Saugnäpfe am Bauch. Beide sind nützliche Hilfsmittel, um ein Wegschwemmen zu verhindern. Bei den Larven von Eintags- und Köcherfliegen befinden sich die Beine nicht auf der Unterseite des Bauchs, sondern seitlich am Körper. Beim Bewegen heben sie deshalb den Körper nicht bei jedem Schritt ab und bieten der Strömung daher weniger Angriffsfläche. Besonders raffiniert sind auch die Strategien der Köcherfliegenlarven, die ihr Leben mehrheitlich in selbstgebauten Köchern aus Steinchen verbringen, welche an strömungsarmen Stellen am Bachgrund angebracht sind. Viele **Algenarten** bilden gelatineartige Krusten, die dem Wasser nur wenig Widerstand bieten.

Grünalgen

Viele Insekten entwickeln sich über verschiedene Larvenstadien bis zum ausgewachsenen Insekt. Die meisten von ihnen leben nur im Larvenstadium im Wasser. Je nach Wassertemperatur dauert die Entwicklung der Insektenlarven unterschiedlich lange. In kalten Gletscherbächen dauert es zwei Jahre, bis eine ausgewachsene Eintagsfliege das Wasser verlässt, in wärmeren Gewässern in tieferen Lagen ist es bereits nach einem Jahr soweit. Einmal außerhalb des Wassers, leben die ausgewachsenen Insekten nur noch Tage oder Monate. Diese kurze Zeit nutzen sie zur Fortpflanzung.

Wieviel Strömung darf es sein?

Insektenlarven können unterschiedlichen Strömungen Widerstand leisten:

Strudelwürmer	bis 0,92 m pro Sekunde
Eintagsfliegenlarve	bis 1,24 m pro Sekunde
Lidmückenlarven	bis 3 m pro Sekunde

Strudelwürmer (Turbellaria)

Strudelwürmer sehen wie kleine Blutegel aus, sie sind aber völlig harmlos. Strudelwürmer fressen kleinere Insekten und sind alle zweigeschlechtlich. Aus ihren Eiern entwickeln sich ohne Zwischenstadien die ausgewachsenen Formen. Die meisten Strudelwurm-Arten reagieren sehr empfindlich auf die Erhöhung der Wassertemperatur.

Köcherfliegen (Trichoptera)

Die meisten der über 200 verschiedenen Köcherfliegen-Arten bauen sich im Wasser aus Pflanzenresten, Sandkörnern und Seidengespinst formenreiche, 1 bis 2 Zentimeter lange Gehäuse. Die raupenartigen **Köcherfliegenlarven** sind darin gut getarnt und vor Feinden geschützt. Köcherfliegenlarven fressen kleine Wasserinsekten. Ausgewachsene Köcherfliegen leben an Land, haben vier Flügel und lange Fühler (Maxillartaster). Sie saugen höchstens einige wenige Male Nektar aus Blüten am Ufer und fressen nichts.

→ Köcherfliegenlarve

Strudelwurm

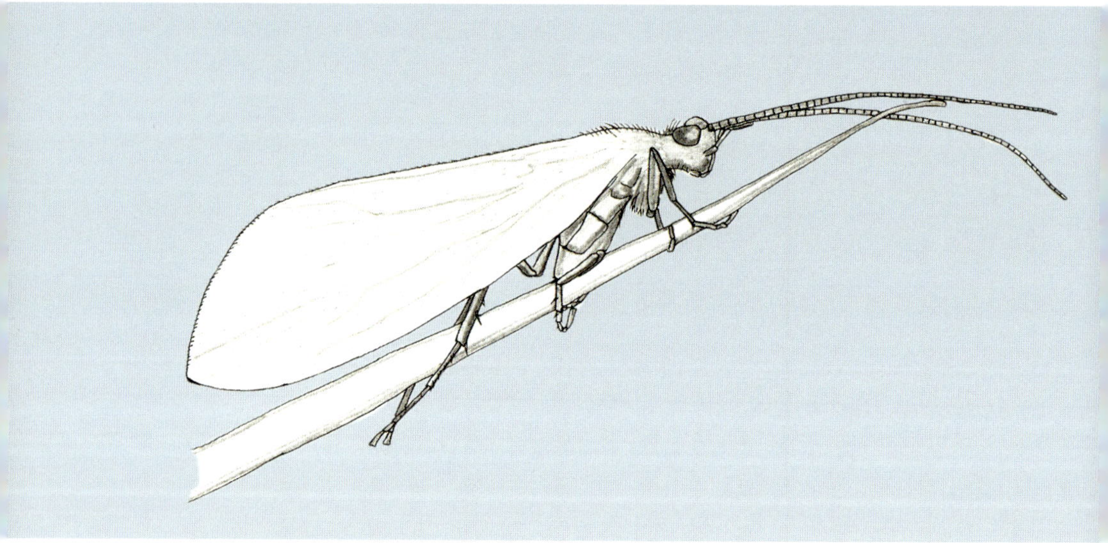

Steinfliegen (Plecoptera)

← Steinfliege

Steinfliegenlarven und ausgewachsene Tiere haben zwei Schwanzfäden. Die Larven fressen kleine Insekten, ausgewachsene Tiere allenfalls Algen und Pollen, in der Regel aber gar nichts. (Sie sterben nach einer kurzen Zeit, die sie zur Paarung und Eiablage nutzen.) Die ausgewachsenen Steinfliegen sind trotz ihrer vier Flügel nur schlechte Flieger und teils sogar flugunfähig. Sie halten sich meist in Ufernähe auf Zweigen und Steinen auf.

Oben: Köcherfliegenlarve
Unten: Köcherfliege

Oben: Steinfliegenlarve kurz nach einer Häutung.
Unten: Steinfliege

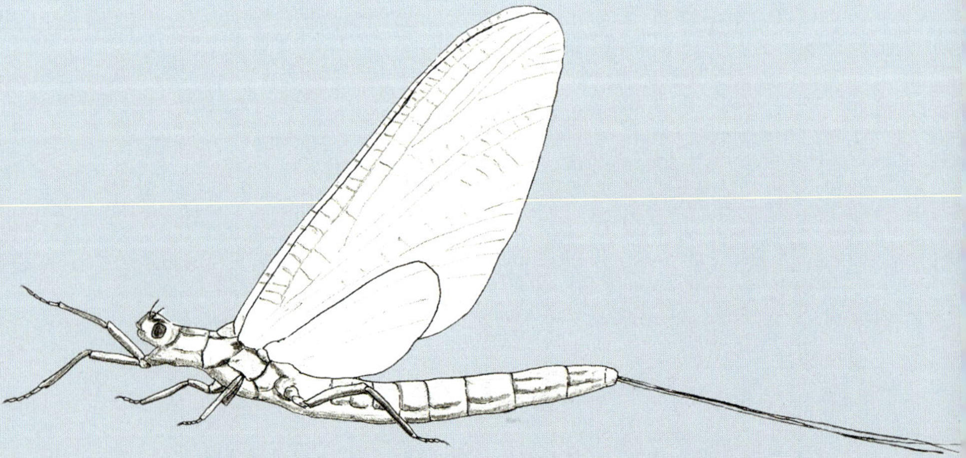

Eintagsfliegen (Ephemeroptera)

Die Larven und die ausgewachsenen Tiere der zahlreichen **Eintagsfliegen**-Arten haben zwei oder drei sehr lange Schwanzfäden. Die Larven ernähren sich von Algen, Pflanzenresten oder Insekten; ausgewachsene Eintagsfliegen fressen nichts. Sie haben glänzende Körper, vier reich geaderte Flügel und sind schlechte Flieger. Eine Besonderheit der Eintagsfliegen ist, dass sie sich als ausgewachsene Insekten (= Imago) noch einmal häuten.

→ Eintagsfliege

Beobachtungstipps

- Beobachten Sie einen Gletscherabfluss früh am Morgen und später am Nachmittag. Achten Sie dabei jedes Mal auf die Wassermenge und die Fließgeschwindigkeit.
- Können Sie am Grund eines klaren Bergbachs Insektenlarven entdecken? Schauen Sie sich besonders jene Seite der Steine an, die der Strömung abgewandt sind; hier halten sich die meisten Larven auf.

Fragen

- Was haben alle alpinen Fließgewässer gemeinsam?
- Was ist Gletschermilch?
- Wie passen sich Wasserlebewesen an die Fließkraft des Wassers an?

→191 Antworten

Linke Seite:
Oben: Eintagsfliegenlarve
Unten: Eintagsfliege

Kalk und Silikat

Über verschiedenen Ausgangsgesteinen entstehen durch chemische und physikalische Verwitterung unterschiedliche Bodentypen, deren Eigenschaften die Zusammensetzung der Vegetation bestimmen. Entscheidend für die Pflanzen sind vor allem Kalziumgehalt und Säuregrad des Bodens, denn davon hängt die Löslichkeit und Aufnahmefähigkeit ihrer benötigten Nährstoffe ab. Auf kalkhaltigen (basischen) Böden sind gewisse Nährstoffe (Phosphor, Eisen, Magnesium) schlecht löslich. Kalkpflanzen sind daher Stoffwechselspezialisten, die mit einem Überschuss an Kalzium fertig werden können. **Trauben-Steinbrech** *(Saxifraga paniculata)* und andere Arten haben beispielsweise Kalk ausscheidende Drüsen an den Blättern, um den Überschuss an Kalzium loszuwerden, den sie mit den Wurzeln aufgenommen haben.

← Trauben-Steinbrech

Auf den sauren Silikatböden sind die Nährstoffe besser löslich als auf Kalkböden. Nährstoffe können von den Pflanzen hier deshalb leichter aufgenommen werden. Die Nährstoffe werden auf Silikatböden aber auch leichter ausgewaschen als auf Kalkböden, sodass solche Böden unter Umständen sehr nährstoffarm sind.

Warum in Kalk- und Silikatgebirgen verschiedene Pflanzenarten wachsen, ist im Detail noch nicht ganz geklärt. Es steht aber fest, dass jede Pflanze ganz bestimmte Ansprüche an den Boden stellt. Je besser diese erfüllt sind, desto leichter kann sich eine Art gegen Konkurrenz durchsetzen. Aufgrund der an einem Ort wachsenden Pflanzenarten können Fachleute Rückschlüsse auf die **Bodeneigenschaften** ziehen und zum Beispiel erkennen, ob ein Boden eher basisch oder sauer ist.

80← «Faszinierende Flechten»

Vikariierende Arten

Unter «vikariierenden Arten» versteht man nahe verwandte Arten, die sehr ähnlich aussehen, die sich jedoch geografisch oder ökologisch nahezu ausschließen, sich aber bei gemeinsamem Vorkommen kreuzen. Vikariierende Arten gibt es zum Beispiel je nach Wassergehalt des Bodens, der Lufttemperatur oder eben auf Böden mit unterschiedlichem Basengehalt wie Kalk und Silikat.

Vikariierende Arten ...

... auf Kalkböden	**... auf Silikatböden**
Kalk-Polsternelke *(Silene acaulis)*	Kiesel-Polsternelke *(Silene excapa)*
Großköpfige Gämswurz *(Doronicum grandiflorum)*	Clusius' Gämswurz *(D. clusii)*
Kalk-Glocken-Enzian *(Gentiana clusii)*	Silikat-Glocken-Enzian *(G. acaulis)*
Bewimperte Alpenrose *(Rhododendron hirsutum)*	Rostblättrige Alpenrose *(R. ferrugineum)*

Es kommt auch vor, dass man in Gebieten mit Kalkgestein statt, wie erwartet, der Bewimperten Alpenrose die Rostblättrige Alpenrose findet. Das geschieht zum Beispiel dann, wenn der an und für sich basische Boden oberflächlich durch Niederschläge oder Huminsäuren aus Nadelstreu versauert ist.

→ Vikariierende Arten

Oben links: Die Kalk-Polsternelke *(Silene acaulis)* wächst auf Kalk.

Oben rechts: Clusius' Gämswurz *(Doronicum clusii)* wächst auf Silikat.

Beobachtungstipps

- Schauen Sie sich die Blätter der Alpenrosen genau an: Sind die Blattränder bewimpert, oder sind sie kahl und die Blattunterseite bräunlich? Falls die Blattränder bewimpert sind, so haben Sie es mit einer Bewimperten Alpenrose *(Rhododendron hirsutum)* zu tun, im anderen Falle mit einer Rostblättrigen Alpenrose *(Rhododendron ferrugineum)*.
- Finden Sie sogar Alpenrosen, die eine Kreuzung dieser beiden Arten sind?

Fragen

- Wann ist eine Pflanze konkurrenzstark?
- Was sind vikariierende Arten?

191← Antworten

Pflanzen auf Felsen und in Spalten

Pflanzen, die in kleinsten Ritzen wurzeln und direkt aus dem Fels zu wachsen scheinen, erstaunen uns immer wieder. Diese Felsspaltenbewohner kommen mit kleinsten Mengen Feinerde aus und ertragen Trockenheit und große Temperaturschwankungen. Weil an steilen Felswänden kaum Schnee haften bleibt, sind sie auch im Winter ungeschützt **Frost und Wind ausgesetzt**. Unter solchen Bedingungen sind Frosttoleranz, Verdunstungsschutz und Wasserspeicherfähigkeiten überlebenswichtig. Viele typische Felsspaltenarten sind sukkulent und können in ihren fleischigen Blättern Wasser speichern und wochenlang ohne Wasserzufuhr überleben; so zum Beispiel das Aurikel *(Primula auricula)*. Eine andere Strategie ist der **Zwergwuchs**, wie er beispielsweise bei Polsterpflanzen wie dem **Schweizer Mannsschild** *(Androsace helvetica)* zu beobachten ist. Die dicht beblätterten Triebe verhindern, dass der Wind eindringt, und schaffen so im Innern ein eigenes, wärmeres Mikroklima. Die Temperaturunterschiede zwischen Luft und **Polsterinnerem** betragen ohne Weiteres 15 °C. Die Blätter und Triebe wachsen nur nach außen und schließen die abgestorbenen Pflanzenteile vom Vorjahr ein. Die Pflanze kann die Nährstoffe für ihr weiteres Wachstum nutzen, sodass kein Material verloren geht. Der humusgefüllte Innenraum wird von zahlreichen Bodenlebewesen besiedelt und ist Nährstoff- und

→175 «Wie Pflanzen überwintern»

→45 «Zwergwuchs – eine Erfolgsstrategie»

→ Schweizer Mannsschild

→ Polsterpflanzen

Linke Seite: Aurikel *(Primula auricula)*

Oben: Schweizer Mannsschild *(Androsace helvetica)*

Silberwurz *(Dryas octopetala)*

Wasserspeicher. Oft haben Polsterpflanzen nur eine zentrale Pfahlwurzel, die je nach Bedingungen mehr als einen Meter lang sein kann. Polsterpflanzen wachsen sehr langsam und können jahrzehntealt werden.

22← «Eigenschaften des Gebirges»

An Felsen wechseln die Standortsbedingungen schon auf kleinstem Raum. Je nach **Exposition** und **Steilheit** sind Sonneneinstrahlung, Windstärke oder Verfügbarkeit von Wasser völlig unterschiedlich. Von der Sonne aufgewärmter Fels ist auch in der Nacht noch wärmer als die Luft. Pflanzen profitieren daher vor allem an südseitigen Felsen von dieser Wärmegunst. An senkrechten Südwänden ist die Sonneneinstrahlung im Frühling und im Herbst stärker als im Hochsommer. Die Vegetationszeit für Alpenpflanzen dauert deshalb nicht etwa am Boden am längsten, sondern in solchen besonders steilen Südwänden.

← Silberwurz

Auf Karrenfeldern wachsen mehrjährige, verholzende Kriechpflanzen wie etwa die **Silberwurz** *(Dryas octopetala)*. Dem Felsen anliegend, profitiert sie von der gespeicherten Wärme. Sie blüht je nach Standort zwischen Mai und August. Sie kann auch auf lockerem Geröll wachsen.

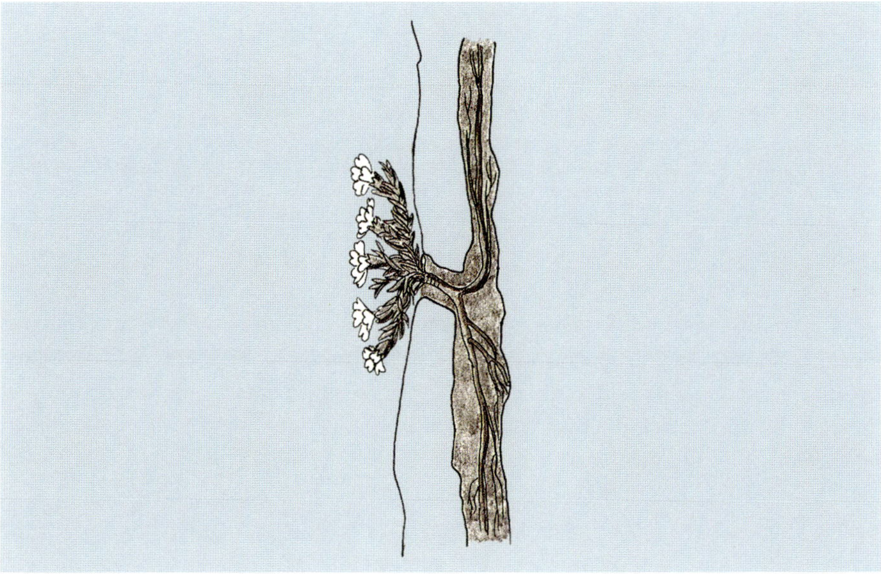

Beobachtungstipps

- Berühren Sie Felsen in verschiedenen Expositionen, Beschattung und Besonnung: Fühlen Sie die Temperaturunterschiede? – Am Abend, nach Sonnenuntergang, wenn die Luft bereits kühler wird, ist auf südseitigen Felsen die gespeicherte Wärme im Gestein besonders deutlich fühlbar.
- Schauen Sie sich das kugelige, dichte Polster einer Polsterpflanze genauer an: Die unscheinbaren Pflanzen bergen zahlreiche Überraschungen!

Fragen

- Welche Eigenschaften sind für Felspflanzen überlebenswichtig?
- Welche Pflanzen können in ihren Blättern Wasser speichern?
- Warum haben dichte Polsterpflanzen in ihrem Innern ein eigenes Mikroklima?
- Welche Faktoren beeinflussen die Lebensbedingungen am Fels?
- Warum dauert die Vegetationszeit in Südwänden am längsten?
- Welcher Fels erwärmt sich stärker: heller Kalk oder dunkler Gneis?

→191–192
Antworten

Schematischer Querschnitt durch eine Pflanze, die in einer Felsspalte siedelt.

Essbare Alpenpflanzen

Unterwegs in den Bergen kommt man an vielen Pflanzen vorbei, die sich gut als Gewürz oder «Salatblatt» im Sandwich eignen. Die folgenden Tipps mit häufigen, leicht erkennbaren Arten sind zum Gebrauch in kleinen Mengen gedacht. Es ist wichtig, dass Sie nur Pflanzen sammeln, die Sie kennen. Auf gedüngten Böden, in Schaf- oder Kuhweiden oder entlang von Alpstraßen sollten Sie nie Pflanzen sammeln.

Am besten lassen sich essbare Wildpflanzen im Frühjahr sammeln, weil dann ihr Gewebe noch zart ist und relativ viel Eiweiß enthält. Im Hochsommer werden die Pflanzen derber, und ihr Eiweißgehalt nimmt ab. In dieser Zeit bilden die Pflanzen Stängel für ihre Blüten und Samen aus. Die verdaulichen Zucker- und Eiweißverbindungen bilden sich dabei in Stützgewebe um, welches aus unverdaulicher Zellulose besteht.

Viele essbare Wildpflanzen haben zugleich auch eine heilende Wirkung: Sie enthalten ätherische Öle, Aroma- oder Bitterstoffe, die sich positiv auf den menschlichen Stoffwechsel auswirken, indem sie blutreinigend, verdauungsfördernd oder appetitanregend sind. Sie enthalten viel mehr Vitamine und Mineralstoffe als Kulturpflanzen und sind meist würziger, aber auch herber und bitterer und deshalb zuerst etwas gewöhnungsbedürftig für unseren Gaumen, der sich milde Kulturpflanzen gewohnt ist. Gerade Alpenpflanzen enthalten besonders viele Inhaltsstoffe, weil sie ihre Energie wegen der speziellen Lebensbedingungen nicht in Höhenwachstum investieren können und deshalb mehr sekundäre Pflanzenstoffe produzieren. Die meisten Wildpflanzen schmecken gekocht, gebraten oder sonst wie zubereitet milder. Bei den folgenden Alpenpflanzen handelt es sich um Wildkräuter, die sich gut zum Rohessen, als Gewürz oder als Brotbelag für Sandwiches eignen. Sammeln Sie nur so viel, wie Sie wirklich brauchen!

Alpen-Wegerich *(Plantago alpina)*

Vorkommen	Wiesen und Weiden bis 3000 m ü. M.
Merkmale	Blätter lang und schmal; Blütenstand ist einer zylindrischen Ähre. Verwechslungsmöglichkeit mit anderen Plantago-Arten, die aber alle ähnliche Wirkung haben.
Verwendung, Zubereitung	Die Blüten schmecken nach Champignons. Man kann sie roh essen. Besonders gut sind sie zusammen mit Frischkäse.
Besonderes	Das zerquetschte Kraut lindert Insektenstiche. Futterpflanze für verschiedene Schmetterlingsarten (Veilchenscheckenfalter, Streifenbär, usw.)

Alpen-Klee *(Trifolium alpinum)*

Vorkommen	Rasen, Weiden, Zwergstrauchheiden auf kalkarmen Böden bis auf 3000 m ü. M.
Merkmale	Blätter sind dreizählig, bis 7 cm lang und kahl. Die Blüten sind rot oder purpur und wohlriechend.
Verwendung, Zubereitung	Vor der Blüte frische Blätter und junge Triebe fein geschnitten im Sandwich oder in Salaten; später ebenso die dekorativen, süßlichen Blüten.
Besonderes	Dient als Nektarquelle für Schmetterlinge.

Thymian *(Thymus serpyllum Agg.)*

Vorkommen	Steinige, sonnige Wiesen und Weiden bis auf 2500 m ü. M.
Merkmale	Die ganze Pflanze riecht stark aromatisch, wenn man sie zwischen den Fingern zerreibt.
Verwendung, Zubereitung	Blühendes Kraut als Gewürz oder Tee verwenden. Dazu 1–2 Esslöffel Thymian mit 0,5 l Wasser bis zum Sieden erhitzen und ziehen lassen. Nicht kochen!
Besonderes	Es gibt verschiedene Unterarten, die nicht alle gleich aromatisch sind.

Gamander-Ehrenpreis *(Veronica chamaedrys)*

Vorkommen	Weiden, lichte Wälder und Lägerstellen bis auf 2000 m ü. M.
Merkmale	Stängel zweizeilig behaart, Blätter behaart und gezähnt. Blüten blau mit dunklen Adern und weißem Schlund. Verwechslung mit anderen Veronika-Arten möglich, die aber ähnliche Inhaltsstoffe haben.
Verwendung, Zubereitung	Blüten von März bis Juli als essbare Dekoration. Ganze Pflanze als Tee.
Besonderes	Die dunklen Blütenadern und der helle Schlund sind für die bestäubenden Insekten Signale, da sie diese zu Pollen und Nektar leiten.

Rotklee *(Trifolium pratense Agg.)*

Vorkommen	Wiesen und Weiden bis auf 3000 m ü. M.
Merkmale	Dreiteilige, rundliche Blätter. Die Blüten sind kugelig. Die Farbe variiert von Rot bis Weißlich.
Verwendung, Zubereitung	Zwischen April und September die herb-säuerlichen Blätter und die ausgezupften süßlichen Blüten. Beide wirken appetitanregend. Geeignet auf Broten, zu Frischkäse oder in Salaten.
Besonderes	Rotklee wird von Bienen und Hummeln bestäubt und dient als Nektarquelle für Schmetterlinge.

Fragen

- Warum ist es günstiger, essbare Pflanzen zu Beginn der Vegetationsperiode zu sammeln als später im Jahr?
- Warum enthalten Gebirgspflanzen besonders viele Inhaltsstoffe?

→192
Antworten

Kurzinformation Frühling

Farben auf dem Schnee

Schnee auf Gletschern oder in Mulden ist im Frühling manchmal rötlich gefärbt. Solche Schneeflecken fallen oft schon von Weitem auf und weisen auf ein Massenvorkommen von Schnee- oder Blutalgen hin. Eigentlich gehören diese Algen zur Gruppe der **Grünalgen**, doch wird ihre grüne Grundfarbe von roten Pigmenten (Carotinoide) überdeckt. Diese Pigmente bilden sie, um sich vor der starken UV-Sonnenstrahlung zu schützen.

95← «Bergseen in allen Farben»

Zu allen Jahreszeiten kann Schnee auch gelblich bräunlich verfärbt sein. Diese Färbung entsteht durch Staub aus der Sahara, den der Wind bis in die Alpen verfrachtet. Schwärzliche Verfärbungen können Staubteilchen sein oder Massenansammlungen von **Gletscherflöhen** (Springschwänzen).

← Gletscherflöhe
122← «Kältefeste Winzlinge»

Beobachtungstipp

› Wenn Sie sich erhöht auf einem Aussichtspunkt befinden, haben Sie beste Voraussetzungen, um mit einem Feldstecher Farbnuancen auf den umliegenden Schneeflächen zu entdecken.

Frage

› Warum produzieren Grünalgen rote Pigmente?

192← Antwort

Blutschnee

Sommer

2
7
6
1
3
5
4
8

Einleitung Sommer

Weit oberhalb der Waldgrenze, fast bis zu Eis und Firn hinauf, sorgen Blüten in Felsen und Geröllhalden für Farbtupfer. Über den blumenübersäten, duftenden Alpweiden gaukeln Schmetterlinge, summen Hummeln und viele andere Insekten. Auf vielen Alpen weiden Kühe, deren Glocken für Bergwanderer und Kletterer bis auf die höchsten Gipfel hinauf zu hören sind. Junge Gämsen oder Steinböcke folgen bereits trittsicher den Muttertieren. Am Himmel kreisen Greifvögel wie Adler oder Turmfalke auf der Suche nach Nahrung für ihre Jungvögel. Die Bergwälder bilden einen Teppich aus verschiedenen Grüntönen. Bei Sommergewittern hallt das Echo des Donners vielfach verstärkt von den Felswänden. Auch wenn es bei Sonnenschein am Tag heiß werden kann, sind die Nächte in den Bergen kühl.

Faszinierende Flechten

22← «Eigenschaften des Gebirges»

Windgepeitschte Grate, starke UV-Strahlung und extreme Temperaturen – bei unwirtlichen Bedingungen können Flechten ihre Stärken am besten ausspielen. Ein Grund dafür ist, dass unter diesen Bedingungen zahlreiche Pflanzenarten nicht mehr mithalten können und der Konkurrenzdruck für die langsam wachsenden Flechten dadurch geringer ist. Dieses Phänomen lässt sich gerade im Gebirge gut beobachten: Je weiter Sie in die Höhe steigen, desto mehr Flechten begegnen Sie. Im Bereich des ewigen Schnees, auf windigen Gipfeln und Graten dominieren die Flechten. In Höhen von über 4000 m ü. M. wachsen noch mindestens 50 Flechtenarten.

Symbiose zwischen Algen und Pilzen

Weltweit gibt es etwa 25 000 Flechtenarten. Lange waren sich die Forscher uneinig, was eine Flechte denn eigentlich überhaupt sei. Erst mit der Erfindung des Mikroskops stand ihnen ein Instrument zur Verfügung, welches erlaubte, die erstaunliche Zusammensetzung der Flechten zu erkennen.

← Flechten

Eine **Flechte** ist eine Symbiose, eine Lebensgemeinschaft, die aus einem Pilz und einer oder mehreren Algenarten besteht. In dieser Symbiose profitieren alle Beteiligten voneinander. Der Pilz umgibt die Alge mit einer schützenden Hülle, die sie vor Austrocknung, Hitze und starker Sonnenstrahlung schützt und versorgt die Alge auch mit Wasser und Mineralsalzen, die er aus der Luft aufnimmt. Die Alge kann Fotosynthese betreiben und mit Sonnenlicht lebensnotwendige Energie in Form von Zucker bilden. Was wir sehen, ist vor allem das Pilzgeflecht. Die mikroskopisch kleinen Algen sind darin eingebettet.

← Grünalgen

Flechten entstehen nicht aus beliebigen Algen und Pilzen, sondern nur aus ganz bestimmten Verbindungen. Meist handelt es sich bei den flechtenbildenden Pilzen um Schlauch- oder Ständerpilze (Ascomyceten, Basidiomyceten) und bei den Algen um **Grün-** und Blau**algen** (Chlorophyceen, Cyanobakterien). Die an Flechten beteiligten Pilze kommen in der Natur fast immer nur mit Algen zusammen vor. Die meisten der flechtenbildenden Algen können hingegen auch ohne einen «Pilzpartner» leben, profitieren aber in der Symbiose von erheblichen Vorteilen.

Kalk und Silikat aufgrund des Flechtenbewuchses unterscheiden

Oft ist es nicht einfach zu erkennen, ob es sich bei einem Gestein um **Kalk** oder um **Silikat** handelt. Flechten können dabei hilfreich sein, da die meisten von ihnen streng an eine bestimmte Unterlage gebunden sind und daher entweder nur auf Kalk oder nur auf Silikat vorkommen.
Auf Kalkgestein wachsen vor allem *endolithische*, d. h. ins Gestein eingesenkte Krustenflechten. Mit ihren Säuren können sie das Gestein auflösen und eindringen, sodass nur noch die Fruchtkörper herausragen und der Rest der Flechte eingesenkt im Gestein lebt.
Kalkgestein verwittert schneller, ist wasserdurchlässiger und damit trockener und weniger ideal für Flechtenbewuchs. Im Gegensatz dazu wächst auf Silikat ein artenreicherer, farbigerer Flechtenbewuchs.

→64 «Kalk und Silikat»

Eine Partnerschaft, die nur in Extremsituationen funktioniert

Es wurde bereits erwähnt, dass Flechten Extremstandorte besiedeln: Sie bevorzugen **große Höhen**, kahle Felsen und Standorte, die extreme Temperaturen aufweisen. Weshalb gelingt es ihnen aber überhaupt, dort zu gedeihen, wo andere keine Chance hätten?

→27 «Höhenstufen»

Ein wesentlicher Grund dafür ist, dass Flechten sehr genügsam sind: Tau oder Luftfeuchtigkeit reichen ihnen, um ihren Flüssigkeitsbedarf zu decken. Und obwohl Flüssigkeit für die Fotosynthese unumgänglich ist, kann ihnen auch völlige Trockenheit nicht so schnell etwas anhaben: Sie setzen einfach die Fotosynthese aus und warten, bis wieder ausreichend Flüssigkeit verfügbar ist. Ihre Fähigkeit, Flechtensäuren zu bilden, ist ein weiter Grund für ihre erstaunliche Widerstandkraft. Die

Oben links: Flechte auf Silikat.

Oben rechts: Flechte auf Kalk.

Zusammensetzungen dieser Säuren sind bis heute nicht restlos geklärt, man weiß aber, dass sie als Frost- und Hitzeschutzmittel wirken: Sie erlauben den Flechten, Temperaturen von –50 °C bis zu 70 °C zu ertragen! Als zusätzlichen Trumpf haben Flechten auch noch die Fähigkeit, in Kälte- oder Wärmestarre zu verfallen.

Die Symbiose zwischen Pilz und Alge hat nur in schlechten Zeiten Bestand. Wenn der Pilz selber genügend Nährstoffe zum Wachsen findet oder die Alge Wasser und Mineralsalze, wird das Gleichgewicht in der Symbiose gestört. Pilz und Alge überwachsen sich gegenseitig und die Flechte löst sich auf in ihre Einzelteile: in Pilz und Alge.

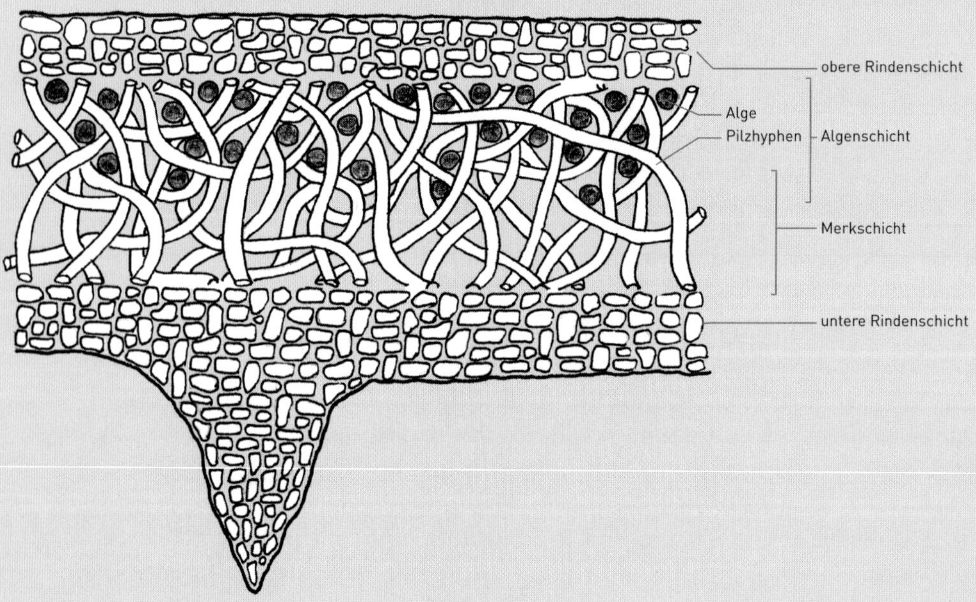

Querschnitt durch eine Flechte mit in die Pilzfäden eingebetteten Algen.

Vermehrung, Wachstum und Alter

Flechten können sich auf zwei Arten vermehren: Bei der vegetativen (ungeschlechtlichen) Vermehrung lösen sich kleine Bruchstücke von der Mutterpflanze ab und werden von Wind und Wasser verbreitet. Bei der generativen (geschlechtlichen) Vermehrung produziert der Pilz in speziellen Fruchtkörpern Sporen, die zwar vom Wind über größere Entfernungen verbreitet werden als die Bruchstücke bei der vegetativen Vermehrung, die aber zuerst auf eine passende Alge treffen müssen, bevor wieder eine Flechte entstehen kann.

Flechten wachsen sehr langsam. Zu den schnellsten gehören etwa die **Bartflechten** (*Usnea* sp.), die auch in unseren Bergwäldern von den **Bäumen** herunterhängen. Sie wachsen 1–2 cm pro Jahr. Wesentlich langsamer sind da die Krustenflechten: Sie bringen es auf wenige Millimeter in 100 Jahren. Gut möglich, dass sie damit einen Langsamkeitsrekord aufstellen!

→ Bartflechte
→129 Bergwald

Wahrscheinlich sind Flechten die ältesten «Gebirgsbewohner» überhaupt, denn schon während den Eiszeiten konnten sie an eisfreien Stellen wachsen – vielleicht bis zum heutigen Tag auf dem gleichen Stein. Weil Flechten sehr alt werden, ist es theoretisch möglich, dass eine noch heute lebende Flechte das Zurückweichen des Eises am Ende der letzten Eiszeit miterlebt haben könnte. Landkarten- oder Geografenflechten (*Rhizocarpon* sp.), können schließlich fast 9000 Jahre alt werden.

Bioindikatoren, Zeiger der Umweltbelastung

Flechten gedeihen zwar unter extremen Lebensbedingungen, reagieren aber sehr empfindlich auf Luftverschmutzung. Besonders schädlich ist für sie Schwefeldioxid (SO_2), welches vor allem bei Verbrennungsvorgängen in Industrie und Verkehr anfällt. Zum Verhängnis wird ihnen dabei ihre Lebensweise: Weil Flechten keine Wurzeln haben, nutzen sie Nährstoffe direkt aus der Luft und den Niederschlägen. Dabei reichern sie sich auch mit Schadstoffen an, die das empfindliche Gleichgewicht der Symbiose stören. Je nach Artenvorkommen und Aussehen der Flechten können Fachleute Rückschlüsse auf die Luftqualität ziehen und Flechten als Bioindikatoren nutzen. Flechten geben auch Hinweise auf die durchschnittliche Dauer und Höhe der Schneebedeckung in einem Gebiet. Aufgrund der vorkommenden Flechten können Fachpersonen daher schon im Sommer erkennen, ob sich der Besuch fürs Skifahren im Winter lohnt und ob der Ferienort wirklich so nebelarm ist, wie er im Internet angepriesen wird.

Begehrte Flechten

Zahlreiche, auch bei uns vorkommende Flechtenarten enthalten antibiotische Stoffe und werden als Heilmittel verwendet. Andere sind in der Parfümindustrie als Duftstofflieferanten oder zum Färben von Textilien begehrt. Außerdem nutzen Rentiere, Karibus, Moschusochsen oder im Winter auch die **Gämsen** bei uns Flechten als Nahrung.

→ Gämse

Häufige und leicht erkennbare Flechtenarten mitteleuropäischer Gebirge

Bandflechte *(Pseudevernia furfuracea)*

Die Bandflechte wächst auf Stämmen und Zweigen von Nadelbäumen in ganz Europa. Sie kommt aber auch auf Steinen vor. Ihre Oberseite ist deutlich heller als die grauschwarze Unterseite.

Besonderes	Nadelbäume mit schütterem Nadelbewuchs sind oft besonders üppig mit Bandflechten bewachsen. Schütterer Nadelbewuchs lässt mehr Licht einfallen und begünstigt so die Besiedelung. Üppiger Flechtenbewuchs ist also nicht die Ursache, sondern die Folge lichter Baumkronen. Jedes Jahr werden mehrere Tonnen Bandflechte in der Parfümindustrie verarbeitet.

Landkartenflechte *(Rhizocarpon geographicum)*

Die gelbe, schwarz punktierte Landkartenflechte wächst vor allem auf Silikatgestein und überzieht oft ganze Felslandschaften aus Gneis oder Granit. Sie kommt außer in den Alpen auch in der Arktis vor.

Besonderes	Wenn Kalkgestein oberflächlich versauert, gedeiht die Landkartenflechte auch auf Kalk. Ihren Namen kann man sich gut merken, wenn man sich die typische Form der Landkartenflechten anschaut. Landkartenflechten werden extrem alt; die ältesten schätzt man auf fast 9000 Jahre.

Prachtflechte *(Xanthoria elegans)*

Diese leuchtend orangerote Flechte gedeiht nur auf stickstoffreichen Felsen, zum Beispiel bei Vogelnistplätzen, Sitzwarten oder um Alphütten. Sie kommt außer in den Alpen auch in der Arktis und im Karakorumgebirge (Zentralasien) vor.

Besonderes	Nur die äußerste Rindenschicht ist rot gefärbt und schützt die empfindlichen Algen vor zu starker Sonnenstrahlung. Von der Prachtflechte sind aus dem Karakorum Fundorte in Höhen von 7400 m ü. M. bekannt.

Totenbein- oder Wurmflechte *(Thamnolia vermicularis)*

Diese wurmförmige, grauweiße Flechte wächst über der Waldgrenze auf Erde. Man findet sie in exponierten Blockhalden, die im Winter vom Wind oft schneefrei geblasen sind. Sie kommt außer in den Alpen auch in der Arktis vor.

Besonderes	Ihre Form und Farbe erinnern an gebleichte Knochen. Sie wächst auf Schutthalden und Windecken. Schon im Sommer zeigt sie Stellen an, auf der im Winter nur wenig oder kein Schnee liegt.

Beobachtungstipps

- Betrachten Sie Flechten unter der Lupe.
- Messen Sie den Durchmesser einer Landkartenflechte und schätzen Sie ihr Alter. Beachten Sie dabei, dass sie in 100 Jahren etwa 4 mm wächst.

Fragen

- In welcher Hinsicht sind Flechten Pflanzen überlegen?
- Was ist eine Flechte?
- Wie schützen sich Flechten vor Frost und Hitze?
- Warum können Flechten an extremen Standorten wachsen, aber gleichzeitig so empfindlich auf Schadstoffe reagieren?
- Welche Tiere ernähren sich im Winter von Flechten?

192–193← Antworten

Mischungsnebel

Wolkenfahnen, Mischungsnebel und Brockengespenst

Bergwanderungen im Sommer bei Regen und Nebel bieten zwar weniger Aussicht, haben aber auch ihre Reize. Viele interessante Naturphänomene lassen sich nur bei wechselhaftem Wetter beobachten.

→22 «Eigenschaften des Gebirges»

Mischungsnebel

Wenn im Sommer nach einem kurzen Regenschauer die Sonne wieder auftaucht und auf die **regennassen Felsen** scheint, so beginnen diese zu dampfen. Dunkler Fels und die unmittelbar darüber liegende Luftschicht erwärmen sich durch die Sonnenstrahlung sehr rasch, ebenso auf dem Fels vorhandene Wasserreste. Dabei verdunstet diese Feuchtigkeit und steigt mit der erwärmten Luft auf. In einer bestimmten Höhe, meist nur wenige Meter über dem Boden, trifft diese erwärmte, feuchte Luft auf kühlere Luft und wird wieder abgekühlt. Wenn der Taupunkt dabei unterschritten

→155 «Kurzinformation Herbst, Tintenstriche»

wird, beginnt die Luft zu dampfen und sogenannter Mischungsnebel entsteht. Mischungsnebel können sich auch über Alpweiden, Gewässern, Äckern oder einer anderen nassen Oberfläche bilden.

Die Farben des Regenbogens hängen von der Tageszeit ab

Damit wir einen Regenbogen sehen können, muss die Sonne bei Regen scheinen und in einem bestimmten Winkel in unserem Rücken stehen. Ähnlich wie in einem
168← «Untersonnen»
Glasprisma wird dabei das weiße **Sonnenlicht** durch die Regentropfen in seine Spektralfarben zerlegt und anschließend gebeugt, sodass wir einen farbigen Regenbogen sehen können. Die Farben des Regenbogens sind nicht immer gleich, denn sie hängen von der Tageszeit ab. Regenbogen am frühen Morgen oder am späten Abend sind rötlicher und es fehlen ihnen die Farben Blau und Violett.

Aus den weißen Sonnenstrahlen wird auf dem Weg durch die Atmosphäre ständig blaues Licht herausgefiltert, sodass das rote Licht mit zunehmender Distanz immer stärker überwiegt. Morgens und abends legen die Lichtstrahlen einen besonders langen Weg durch die Atmosphäre zurück, sodass der Blau-Anteil fast ganz verschwindet. Deshalb sind auch Sonnenauf- und -untergänge rot und es gibt nur Morgen- oder Abendrot, aber kein Mittagrot.

Gespenster am helllichten Tag

Wenn wir auf einem Hügel oder Berggipfel stehen und dabei unsere Schatten auf eine Nebelwand fallen, bilden sich beim passenden Sonneneinfallswinkel um den Schatten unserer Köpfe eine Glorie. Glorien sind Kränze von verschiedenfarbigen Lichtringen,

Oben: Regenbogen

Rechte Seite: Brockengespenst

die durch die Rückstreuung des Lichts an den Nebeltröpfchen mit anschließender Beugung entstehen. Dabei handelt es sich um den gleichen optischen Effekt wie bei einem Regenbogen. Je kleiner und einheitlicher die Tröpfchen sind, desto größere und farbenkräftigere Ringe entstehen. Bei sehr dichtem Nebel mit größeren Wassertröpfchen bleibt eine Glorie relativ klein, und der Schatten unserer Köpfe ist kaum zu sehen.

Manchmal sieht man zusätzlich zu einer Glorie auch den eigenen, auf dem Nebel riesenhaft vergrößerten Körperschatten, ein **Brockengespenst**. Je nach Wallen des Nebels verändert der eigene Schatten gespenstisch seine Form und Größe, auch wenn wir uns selber gar nicht bewegen. Der Ausdruck «Brockengespenst» kommt übrigens vom Brocken, dem höchsten Berg im deutschen Harzgebirge. In dieser Region wurde das Phänomen erstmals beschrieben. Kein Wunder, denn mit über 300 Nebeltagen im Jahr bietet der Brocken beste Voraussetzungen dafür. Brockengespenster lassen sich natürlich auch auf anderen Bergen beobachten.

→ Brockengespenst

Die berühmte Gipfelfahne am Matterhorn

Für Touristen ist es ein besonderes Ärgernis, wenn der ganze Himmel im schönsten Blau erstrahlt, aber ausgerechnet die spektakulären Berggipfel hinter einer zähen Wolke verborgen bleiben. Dieses Naturphänomen ist beispielsweise am Matterhorn besonders häufig zu beobachten. Diese Wolke entsteht, wenn die mächtigen Flanken der Gipfel stundenlang von der Sonneneinstrahlung aufgewärmt werden und die darüber strömende Luft dabei aufgeheizt wird. Trift sie dann in der Gipfelregion auf kühlere Luftschichten, so wird der Taupunkt unterschritten, wodurch der Wasserdampf in der warmen Luft kondensiert und eine Wolke entsteht. Die Gipfelfahne kann sich oft stundenlang halten, da sich das Phänomen kontinuierlich neu bildet, solange die Sonne die Bergflanken besonnt und dabei die darüber streichenden Luftmassen aufwärmt.

In dunklen Kleidern ist es heißer

Manchmal wäre Regen als erfrischende Abkühlung gar nicht so unerwünscht. Wenn wir an heißen, sonnigen Tagen auf einer Bergwanderung ein dunkles T-Shirt tragen und uns dabei die Hitze besonders groß scheint, ist dies keine Einbildung, sondern eine Tatsache. Dunkle Farben erwärmen sich viel stärker als helle, weil sie einen großen Teil der Strahlung aufnehmen, helle die Strahlen jedoch reflektieren. Auch das **Winterfell** von Gämsen oder Steinböcken ist dunkler als deren Sommerfell und erwärmt sich bei Sonnenschein entsprechend schneller. Einer der Gründe, warum es keine schwarzen Blüten bei Alpenpflanzen gibt, ist ebenfalls die Erwärmung: Durch die starke Strahlung im Gebirge würden sie sich zu stark erhitzen.

165← «Winteraktiv» im Kapitel «Überwintern im Gebirge»

Fragen

- Wann ist bei einem Regenbogen kein Blau und Violett zu sehen?
- Warum sieht man Brockengespenster nicht an trockenen, sonnigen Tagen?
- Warum gibt es Gipfelfahnen nicht schon frühmorgens?
- Warum gibt es ein Morgen- und Abendrot, aber kein Mittagsrot?
- Warum ist das Winterfell bei vielen Tieren dunkler als das Sommerfell?

193← Antworten

Oben: Gipfelfahne am Matterhorn.

Rechte Seite: Die dichte Behaarung schützt Hallers Greiskraut *(Senecio halleri)* vor Strahlung und Verdunstung.

Mit Haaren, Wachs und Pigmenten

Pflanzen im **Gebirge** sind an Kälte, Trockenheit, Wind und starke Sonnenstrahlung angepasst. Meist schützen ihre Anpassungen in Körperbau und Wuchsform nicht nur gegen einen, sondern gegen mehrere das Leben erschwerende Faktoren. So schützen etwa behaarte Blätter vor der Strahlung und gleichzeitig auch vor Verdunstung.

→14 «Lebensraum Gebirge»

Wasser

Der Boden und die «dünnere» Luft führen dazu, dass die Pflanzen weniger Wasser speichern können. Durch den häufigen und starken Wind wird die Verdunstung zusätzlich erhöht. Die Gefahr des Austrocknens ist für Pflanzen im Gebirge daher größer als in tieferen Lagen. Um die Verdunstung einzuschränken, besitzen viele Alpenpflanzen ähnliche Eigenschaften wie Steppen- oder Wüstenpflanzen.

Verdunstungsschutz an Blättern

Im Zusammenhang mit der Fotosynthese verlieren die Pflanzen durch die Spaltöffnungen viel Wasser. In der CO_2-ärmeren Luft im Hochgebirge müssen sie ihre Spaltöffnungen länger offen halten als in tieferen Lagen. Folgende Eigenschaften vermindern die Verdunstung:

› Dichte Behaarung der Blattflächen schützt vor starker Sonnenstrahlung und führt zu einer ruhenden Luftschicht um die Blätter, was die Verdunstung herabsetzt. Zu beobachten bei: Silberwurz *(Dryas octopetala)*, Karpaten-Katzenpfötchen *(Antennaria carpatica)* und **Edelweiß** *(Leontopodium alpinum)*.

→ Edelweiß

› Wachsüberzüge vermindern den Wasserverlust durch die äußeren Zellschichten. Zu beobachten bei: Mehlprimel *(Primula farinosa)* und Wachsblumen-Arten.

› Lederblätter als Verdunstungsschutz sind meist immergrün und typisch für viele

Zwergsträucher wie Preiselbeere *(Vaccinium vitis-idaea)*, Immergrüne Bärentraube *(Arctostaphylos uva-ursi)*, Alpenazalee *(Loiseleuria procumbens)* und Kugelblumenarten.

› Rollblätter sind eigentlich eine Weiterentwicklung des Lederblatts. Dabei sind die Blattränder auf die Unterseite gerollt.
Zu beobachten bei Erika-Arten, Rauschbeere *(Vaccinium uliginosum)* und Alpenazalee *(Loiseleuria procumbens)*.
› Borstenförmige Blätter sind noch wirksamer als Rollblätter und kommen bei Gräsern, Seggen und Schnittlauch *(Allium schoenoprasum)* vor.
› Fettblättrigkeit (Sukkulenz): Fleischige Blätter mit rundem Querschnitt haben eine kleine Verdunstungsoberfläche und können viel Wasser speichern.
Zu beobachten bei: Fetthennenarten, Berg-Hauswurz *(Sempervivum montanum)* und **Steinbrech-Arten**.

Steinbrech-Arten

Großes Wurzelsystem

Mit einem größeren Wurzelsystem können Pflanzen mehr Wasser und Nährstoffe aufnehmen und speichern. Wurzeln und unterirdische Stängelteile geben der Pflanze festen Halt im Boden und erlauben ein Überleben, wenn der oberirdische Teil erfroren oder ausgetrocknet ist. Die kleine Krautweide und andere Alpenpflanzen können meterlange Wurzeln im Boden haben.

Ein Wachsüberzug vermindert den Wasserverlust bei der Wachsblume *(Cerinthe glabra)*.

UV-Strahlung

Die UV- Strahlung ist im Gebirge intensiver und stärker als in tieferen Lagen. Dank verstärkten Hautschichten und UV-absorbierenden Pigmenten, die in Blatt und Stängel eingelagert sind, können Hochgebirgspflanzen UV-Strahlung ertragen ohne beschädigt zu werden. Wegen der starken UV-Strahlung bleiben sie klein.

Temperatur

Die Vegetationszeit ist im Gebirge kürzer und kühler. Wachstum und Stoffwechsel funktionieren schon bei viel tieferen Temperaturen als bei Pflanzen in tieferen Lagen. Frostschäden treten erst bei tieferen Temperaturen auf. Weil im Gebirge auch im Sommer jederzeit Frost möglich ist, bleibt der Zuckergehalt im Zellsaft ständig erhöht und schützt die Pflanzen als Frostschutzmittel. Im Winter ertragen Pflanzen tiefere Temperaturen als im Sommer. Die Arve *(Pinus cembra)* erträgt im Winter Temperaturen von unter –40° C, bekommt aber im Sommer schon Frostschäden bei –3° C. Viele Pflanzenarten bilden keine Samen mehr aus, sondern vermehren sich vegetativ mit Ausläufern (z. B. Berg-Hauswurz *(Sempervivum montanum)* oder Kriechende Nelkenwurz *(Geum reptans)*). Dabei sind die jungen Sprosstriebe noch mit der Mutterpflanze verbunden, von der sie mitversorgt werden. Alpen-Rispengras (Poa alpina) und Knöllchen-Knöterich *(Polygonum viviparum)* gelten sogar als lebend gebärend. An ihren Blüten wachsen bereits junge Pflänzchen, die sich später am Boden besser behaupten können.

Oft reicht ein Sommer nicht aus, um zu blühen, Samen auszubilden und auszureifen. Bis eine Alpenpflanze zum ersten Mal blüht, können zehn Jahre vergehen! Beim Gletscher-Hahnenfuß *(Ranunculus glacialis)* dauert es von der ersten Anlage der Blüte bis zum Öffnen zwei Jahre.

Wenn man die Anzahl Stunden, in denen Fotosynthese möglich ist, mit der Wuchsleistung von Pflanzen tieferer Lagen vergleicht, sind die Gebirgspflanzen produktiver. Dabei wachsen sie umweltbedingt nicht unbedingt in die Höhe, sondern bilden ein reiches Wurzelwerk und **sekundäre Pflanzenstoffe** (ätherische Öle usw.) aus.

→70 «Essbare Alpenpflanzen»

Wind

Der Wind weht im Gebirge stärker und häufiger. Mit niedrigem Wuchs, dichtem Blätterdach als Abschirmung und speziellem Bau der Blätter schützen sich Alpenpflanzen gegen Wind.

Beobachtungstipps

- Versuchen Sie in einem Rasen oberhalb der Waldgrenze verschiedene Blattformen mit Verdunstungsschutz zu finden. Dabei spielt es keine Rolle, ob Sie die Pflanzen kennen oder nicht!
- Suchen Sie das Alpen-Rispengras und den Knöllchen-Knöterich und betrachten Sie die Brutknospen.

Fragen

- Welche Vorteile hat ein reich verzweigtes Wurzelwerk für eine Pflanze?
- Wozu sind Haare auf den Blättern gut?
- Warum blühen viele Alpenpflanzen nicht jedes Jahr?
- Warum bleiben die meisten Alpenpflanzen klein?

193← Antworten

Oben: Kriechende Bergnelkenwurz *(Geum reptans)*
Unten: Alpen-Rispengras *(Poa alpina)*

Rechte Seite: Die Algenblüte von Grünalgen führt zur Rotfärbung von Seen.

Bergseen in allen Farben

Hunderte, wenn nicht sogar Tausende von Bergseen in den Alpen heißen Blausee, Schwarz-, Rot- oder Grünsee. Häufig sind solche Bergseen nach der Farbe ihres Wassers benannt. In welcher Farbe wir das Wasser eines Bergsees oder eines anderen Gewässers sehen, hängt von verschiedenen Faktoren ab. Farbbestimmend sind erstens die Reflexion des Lichts an der Wasseroberfläche, zweitens die Streuung des Lichts im Wasser an Wassermolekülen und Schwebstoffen (Algen, Mineralien, Erde usw.) und drittens die Reflexion des Lichts vom Seegrund. Ebenfalls einen Einfluss haben unter anderem die Seetiefe oder die Tageszeit. Die Wasserfarbe ist immer eine Kombination dieser Faktoren. Kaum ein See hat deshalb die genau gleiche Farbe wie ein anderer. Sogar im Tages- oder Jahresverlauf kann ein Gewässer seine Wasserfarbe ändern.

Die Lichtreflexion hängt stark vom Einfallswinkel ab. Je flacher der Einfallswinkel oder je tiefer stehend die Sonne am Morgen oder am Abend ist, desto weniger Licht wird reflektiert und desto dunkler erscheint die Wasseroberfläche. Bei grauem Himmel oder bei dichtem Nebel spielen allerdings weder der Einfallswinkel des Lichts noch die Streuungsvorgänge im Wasser eine Rolle. Das Wasser scheint dann genauso grau zu sein wie der Himmel. In klarem Wasser ohne Schwebstoffe streuen die

Wassermoleküle das Licht, und zwar den blauen Anteil. Klares Wasser scheint deshalb schön blau zu sein. Schwebstoffe im Wasser streuen das Licht noch stärker und schlucken die blauen Anteile des Lichts, sodass ein Gewässer mit trüberem Wasser weniger blau oder sogar braun erscheint.

Das «Rote Seeli» bei Samnaun (Schweiz)

Sein Name sagt alles: Was diesen winzigen See speziell macht, ist seine Farbe. Weil er keinen natürlichen Abfluss hat, wird er nur während der Schneeschmelze gespeist. Ursache seiner starken Färbung sind **Grünalgen** *(Chlamydomonas nivalis)*, die als Schutz gegen die starke UV-Strahlung im Gebirge **rote Pigmentstoffe** produzieren.

← Grünalgen
74← «Farben auf dem Schnee»

Der Saoseosee im Kanton Graubünden (Schweiz).

Rechte Seite: Der Alatsee in den Allgäuer Alpen (Deutschland).

Am eindrücklichsten ist die blutrote Farbe zwischen Ende Juli und Mitte September. Obwohl das Rote Seeli zu klein ist, als dass es sich auf den üblichen Wanderkarten abbilden lässt, ist es aufgrund seiner Besonderheit trotzdem auf den offiziellen Karten der Schweizerischen Landestopographie eingetragen.

Caumasee und Saoseosee (Schweiz)

Die grüne Färbung zahlreicher Gewässer hat verschiedene Ursachen. Bei den meisten Tümpeln, Weihern und Baggerseen im Flachland rührt sie meist von Algen her. In den meisten Bergseen leben hingegen nur wenige Algen, da sie sehr nährstoffarm sind. Ihre Grüntöne haben daher andere Ursachen. Beim Cauma- und Saoseosee im Kanton Graubünden entstehen sie zum Beispiel durch die Reflexion des Lichts an kleinsten im Wasser schwebenden Glimmer- und Mineralienteilchen.

Alatsee (Deutschland)

Der dunkelgefärbte Alatsee in den Allgäuer Alpen lässt nichts über seine Geheimnisse erahnen: In den oberen Wasserschichten ist der 35 Meter tiefe Alatsee ein relativ gewöhnlicher sauerstoffreicher See mit einer artenreichen Flora und Fauna. Was ihn ganz außergewöhnlich macht, ist jedoch die rosafarbene Schicht, die in einer Tiefe von 15 bis 18 Metern von Milliarden von Purpur-Schwefelbakterien gebildet wird. Früher kamen viele Taucher beim Versuch, auf den Seegrund zu tauchen, ums Leben, weil in dieser sauerstofflosen, ätzenden Schicht jedes Gewebe angegriffen und zerstört wird. Heute sind Tauchgänge im See verboten. Weil im Alatsee im Gegensatz zu den meisten anderen Seen im Winter keine Wasserzirkulation stattfindet, durchmischen sich die Wasserschichten nicht, sodass sich die Purpur-Schwefelbakterien-Schicht immer etwa in der gleichen Tiefe befindet.

Beobachtungstipp

Fotografieren Sie auf Ihren Wanderungen die verschiedenen Bergseen und vergleichen Sie anschließend deren Farben. Dokumentieren Sie auch einen See während des Tagesverlaufs.

Fragen

- Warum sind Seen am Morgen und am Abend dunkler als um die Mittagszeit?
- Bei welchem Wetter scheinen Seen grau zu sein?
- Welche Seen sind milchigweiß?
- Welche Algen färben bei Massenvermehrung das Wasser rot?

193–194← Antworten

Vom Gletscher abgehobeltes Gesteinsmehl färbt das Wasser milchig-weiß, sodass auch der aufgestaute Gelmersee (Schweiz) entsprechend hell gefärbt ist.

Schokolade-, Pferdeschweiß- und Pfirsichdüfte

Unter den zahlreichen Alpenpflanzen gibt es einige, die ganz außergewöhnlich duften. Neben Schokolade-, Vanille und Pfirsichdüften findet man auch eher unappetitliche Gerüche, so beispielsweise jenen der Mehlprimel, der ein bisschen an Pferdeschweiß erinnert. Trotzdem: Es lohnt sich, die Nase an die eine oder andere Blüte zu halten – das Duftspektrum der Gebirgspflanzen ist überwältigend! Die folgenden Arten sollten Sie dabei besonders beachten:

Trollblume *(Trollius europaeus)*

→ Trollblume

Merkmale	Blätter handförmig geteilt; gelbe, kugelige Blüten.
Vorkommen	In feuchten Wiesen, Hochstaudenfluren und Flachmooren bis über die Waldgrenze hinauf. Die Trollblume blüht von Mai bis Juni.
Besonderes	Bienen, Hummeln, Fliegen und Käfer besuchen die Blüten nicht nur wegen ihres Nektarangebots, sondern auch zum Schutz vor Regen und Kälte. Die schwach giftige Trollblume wird vom Vieh nicht gefressen. Sie ist in Deutschland überall, und in Österreich und der Schweiz in einigen Bundesländern und Kantonen geschützt.
Duft	Leicht süßlich und erinnert an das Sportgetränk Isostar.

Langspornige Handwurz *(Gymnadenia conopsea)*

Langspornige Handwurz

Merkmale	Die Blätter dieser Orchidee sind länglich-schmal, max. 2 cm breit. Ihre Blüten sind hellrosa bis violettrot und haben einen langen, dünnen Sporn. Die Langspornige Hauswurz blüht von Mai bis Juni.
Vorkommen	In lichten Wäldern, Weiden und Rasen bis über die Waldgrenze hinauf.
Besonderes	Der Nektar im dünnen Sporn ist von bloßem Auge sichtbar. Er ist nur für langrüsselige Schmetterlinge wie Nachtfalter erreichbar. In der Schweiz ist die Langspornige Handwurz überall geschützt, in Deutschland in einigen Bundesländern (z. B. Hessen).
Duft	Leichter Vanillegeschmack, der nachts intensiver ist als tagsüber.

Mehlprimel *(Primula farinosa)*

→ Mehlprimel

Merkmale	Blattunterseite und Stängel sind mehlig bestäubt. Die rosaroten Blüten mit gelbem Schlund blühen von Mai bis Juli.
Vorkommen	Feuchte, kalkhaltige Böden bis auf 2800 m ü. M.
Besonderes	Als einzige Primelart wächst sie in den Alpen und in der Arktis. Sie ist in Deutschland, Österreich und in vielen Kantonen der Schweiz geschützt.
Duft	Erinnert an Pferdeschweiß.

Schwarzes Kohlröschen/Schwarzes Männertreu *(Nigritella nigra)*

Schwarzes Kohlröschen

Merkmale	Diese Orchideenart wird in Deutschland und Österreich «Schwarzes Kohlröschen» genannt, während sie in der Schweiz unter dem Namen «Schwarzes Männertreu» bekannt ist. Ihre Blätter sind lineal, die Blüten rotbraun. Sie blüht im Juli und August.
Vorkommen	Sie wächst auf Wiesen und Weiden zwischen 1300 m und 2800 m. ü. M.
Besonderes	Diese kleine Orchidee ist in ganz Österreich und Deutschland und in der Schweiz in den meisten Kantonen geschützt.
Duft	Erinnert an Vanille und Schokolade.

Himmelsherold *(Eritrichium nanum)*

→ Himmelsherold

Merkmale	Ähnelt dem Vergissmeinnicht, wächst aber niedrig als Polsterpflanze. Seine Blüten sind himmelblau. Der Himmelsherold blüht im Juli und August.
Vorkommen	Vor allem auf Silikatfelsen; selten unterhalb von 2500 m ü. M.
Besonderes	Der Himmelsherold wird hauptsächlich von Fliegen bestäubt, seltener von Schmetterlingen und Schwebfliegen. Es kommt häufig zur Selbstbestäubung, wenn die Insekten wegen schlechten Wetters die Blüten während längerer Zeit nicht besuchen können. Der Himmelsherold ist in der ganzen Schweiz geschützt.
Duft	Erinnert an Flieder.

Buchsblättrige Kreuzblume *(Polygala chamaebuxus)*

Buchsblättrige Kreuzblume

Merkmale	Niederliegende, ledrige Blätter. Die Blüten sind zuerst gelb und weiß, später rötlich bis violett gefärbt. Die Blütezeit der Buchsblättrigen Kreuzblume ist März bis Juni.
Vorkommen	Wächst in lichten Wäldern, Gebüschen und Weiden bis zur Baumgrenze hinauf.
Besonderes	Kleiner Zwergstrauch mit verholzten Trieben, die auch Jahrringe bilden. Die ledrigen Blätter sind gut vor Trockenheit geschützt.
Duft	Die Buchsblättrige Kreuzblume duftet nach Pfirsichen.

Rechte Seite: Hummeln können bei Temperaturen fliegen, die für Bienen noch zu kalt sind.

Lieber Selbstbestäubung als gar keine

Die verschiedenen Insektenarten werden nicht nur von Düften angezogen, sondern auch von Blütenformen oder Blütenfarben. Im Fernbereich wirken eher Düfte, im Nahbereich geben Farbmuster Richtungshinweise und sogar Landeanweisungen, damit die Blütenbesucher möglichst schnell den Weg zum begehrten Nektar und Pollen finden. Einfarbig erscheinende Blüten wie Hahnenfuß-Arten oder Trollblume enthalten oft für uns Menschen unsichtbare Farbmarkierungen im Ultraviolett-Bereich. Insekten sehen jedoch ein anderes Farbspektrum als wir und können diese Markierungen wahrnehmen.

Raffinierte Mechanismen in der Blüte sorgen dafür, dass die Besucher auf der Suche nach Fressbarem an den Staubfäden vorbei müssen und mit Blütenstaub eingepudert werden, der an ihnen kleben bleibt. Fliegen sie weiter zu einer passenden Blüte, kommt der mitgebrachte Pollen mit der Narbe in Berührung, womit die **Bestäubung** sichergestellt wird. Blüten werden meist von verschiedenen Insektenarten besucht und nicht ausschließlich von einer Art. Auf diese Weise steigen ihre Bestäubungschancen.

→ Blüten und Bestäubung

Bei einer Bestäubung muss Pollen, der in den männlichen Staubblättern produziert wird, auf eine weibliche Narbe treffen. Nur bei bestimmten Pollen-/Narbenkombinationen ist eine Bestäubung erfolgreich. Dabei keimt ein Pollenkorn auf der Narbe und ein Pollenschlauch wächst durch den Griffel hinunter zu den Samenanlagen. Erst jetzt ist die Blüte befruchtet, und die Samenbildung beginnt.

Viele Blüten können auch vom eigenen Pollen befruchtet werden, was jedoch meistens mit ungleicher Reifezeit von Staubblättern und Narbe verhindert wird. Denn mit Selbstbestäubung ist die genetische Variation einer Pflanze kleiner als bei der Fremdbestäubung. Dennoch ist für viele Pflanzen eine Selbstbestäubung immer noch besser als gar keine. Dies gilt besonders für Gebirgspflanzen, die in einem Lebensraum wachsen, in dem für die bestäubenden Insekten oft während längerer Zeit kein gutes Flugwetter herrscht.

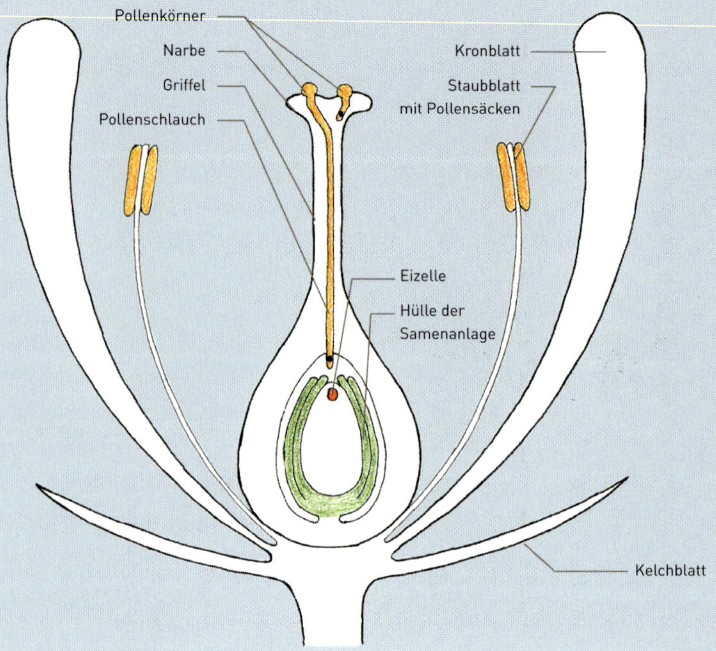

Beobachtungstipp

Riechen Sie zu verschiedenen Tageszeiten und auch am Abend oder in der Nacht an einer bestimmten Blüte. Bemerken Sie die Unterschiede in der Duftintensität?

Fragen

› Warum duften Blüten?
› Warum können Insekten im Gegensatz zu uns ultraviolette Farbmarkierungen sehen?
› Warum ist Fremdbestäubung für Pflanzen vorteilhaft?
› Warum bestäuben sich Pflanzen auch selber?
› Welche Insekten bestäuben die meisten Blüten im Hochgebirge?
› Aus welchen Gründen, vom Nektar-Holen abgesehen, besuchen Insekten die Trollblume auch noch?

194← Antworten

Schematischer Querschnitt durch eine Blüte.

Geröll und Schutt

Silikatgestein wie Granit oder Gneis bildet durch Verwitterung plattenartiges, flaches oder feinkörniges Material aus, das die Spalten zwischen den großen Felsplatten ausfüllt. Wegen des hohen Anteils an feinkörnigem Felsgrus wird in Silikatgesteinen schon in den oberen Schuttschichten Wasser gespeichert. Die Wasserversorgung und Wachstumsbedingungen sind deshalb im Silikatgestein für Pflanzen oder Moose günstiger als im **Kalk**.

→ Polster-; Rosetten-; Horst- und Spalier-bildende Pflanzen

→64 «Kalk und Silikat»

In Kalkgebieten entsteht hingegen leicht beweglicher Schutt aus gerundeten Gesteinsbrocken. Kalkgeröll- und Kalkschutthalden sind lebensfeindlich, vor allem wenn sie sich noch bewegen: Pflanzen werden darin oft von Geröll verschüttet, oberirdische Pflanzenteile von herunterrollenden Steinen verletzt und Wurzeln durch Rutschungen zerrissen. Meist ist in Geröllhalden oberflächlich nur wenig Feinerde vorhanden, sodass Samen schlecht keimen und sich Wurzeln kaum verankern können. Oft sind Feinerde und Wasser nur in den tieferen Geröllschichten verfügbar. Entsprechend können nur wenige **spezialisierte Schuttpflanzen** unter solch extremen Bedingungen überleben. Dies sind Arten mit einer großen Regenerationsfähigkeit, die sich nach Verletzungen schnell erholen oder neue Ersatztriebe und -wurzeln ausbilden können. Unter günstigen Bedingungen festigen diese Pflanzen den Schutt, der mit der Zeit immer dichter überwachsen und vielleicht einmal von einem Rasen bedeckt wird.

→22 «Eigenschaften des Gebirges»

Je nach Strategie und Wuchsform unterscheidet man fünf Typen von Schuttpflanzen. Dabei gibt es natürlich auch Arten, welche mehrere Strategien kombinieren.

Fünf Strategien, den Schutt zu besiedeln

Schuttwanderer durchwurzeln das Geröll mit langen Kriechtrieben. Typische Schuttwanderer sind das Rundblättrige Täschelkraut *(Thlaspi rotundifolium)* und die Niedliche Glockenblume *(Campanula cochleariifolia)*.

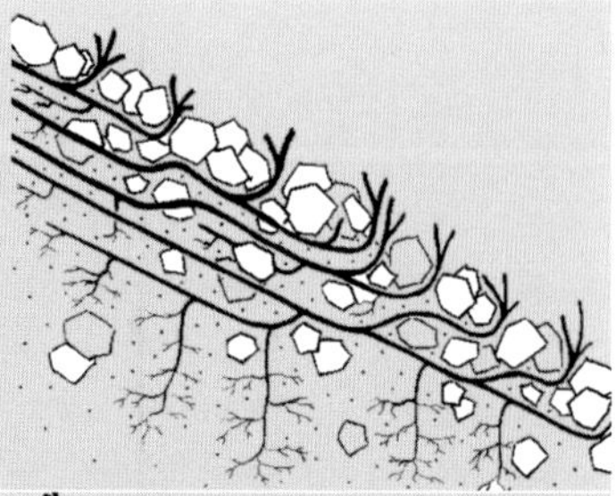

Schuttwanderer

Schuttüberkriecher legen sich mit beblätterten Trieben über den Schutt. Typische Schuttüberkriecher sind das Alpen-Leinkraut *(Linaria alpina)* und die Alpen-Gänsekresse *(Arabis alpina)*.

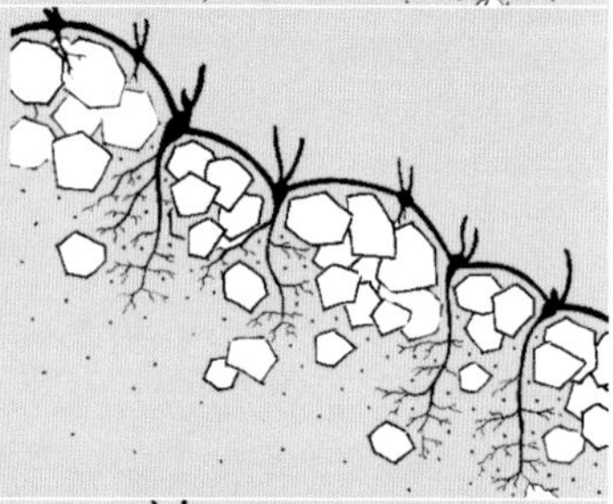

Schuttüberkriecher

Schuttstrecker strecken sich mit starken, aufrechten Trieben durch die Schuttdecke. Typische Schuttstrecker sind die Großköpfige Gämswurz *(Doronicum grandiflorum)* oder – im Silikat – die sehr ähnlich aussehende **Clusius' Gämswurz** *(Doronicum clusii)* und der Rollfarn *(Cryptogramma crispa)*.

65← «Vikariierende Arten»

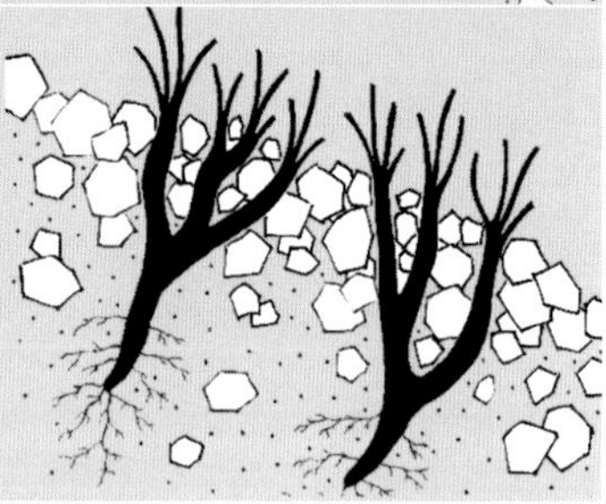

Schuttstrecker

Schuttdecker bilden wurzelnde Decken auf dem Schutt. Typische Schuttdecker sind die Silberwurz *(Dryas octopetala)* und der Gegenblättrige Steinbrech *(Saxifraga oppositifolia)*.

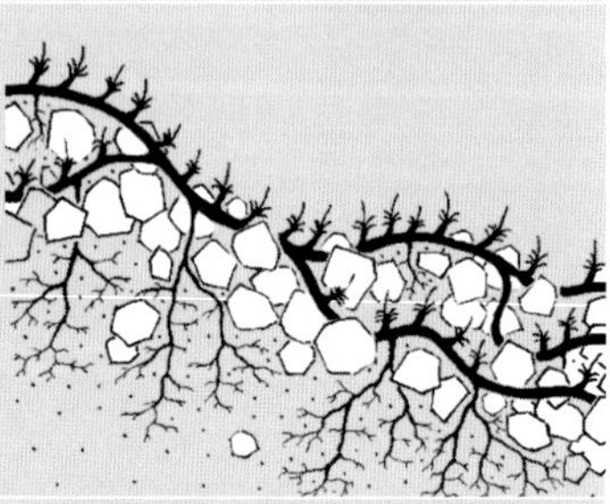

Schuttdecker

Schuttstauer stauen mit kräftigen Pfahlwurzeln und dichtem Feinwurzelgeflecht den fließenden Schutt. Typische Schuttstauer sind der Gletscher-Hahnenfuß *(Ranunculus glacialis)* und viele Grasarten.

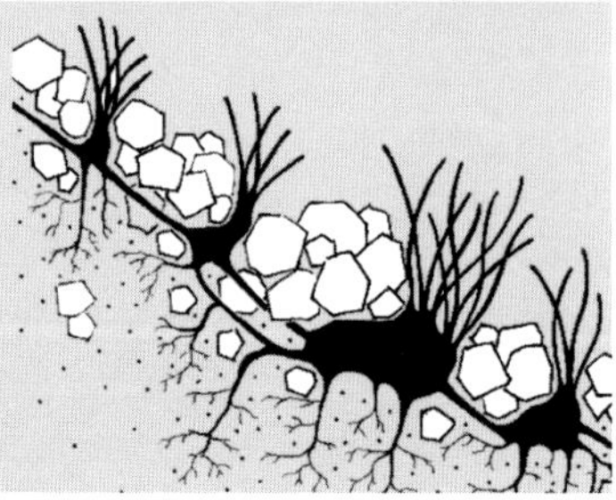

Schuttstauer

Beobachtungstipps

- Versuchen Sie, zu jeder Strategie die entsprechende Pflanzen in Schutthalden zu finden.
- Schauen Sie sich Geröllflächen an, die bereits von den Pflanzen stabilisiert worden sind. Beachten Sie dabei die Wurzeln und die Formen der Pflanzen. Welche «Schuttbesiedlungsstrategien» finden Sie?

Fragen

- Welche Art von Schutt ist für Pflanzen besonders schwierig zu besiedeln?
- Welche Eigenschaft ist für Schuttpflanzen besonders wichtig?

→194 Antworten

Oben links: Alpen-Leinkraut *(Linaria alpina)*

Oben rechts: Gletscher-Hahnenfuß *(Ranunculus glacialis)*

Alpine Rasen

Je nach Meereshöhe, Exposition, Bodenbeschaffenheit, Gesteinszusammensetzung, Nährstoff- und Wasserangebot entwickeln sich oberhalb der Waldgrenze alpine Rasen mit unterschiedlicher Artenzusammensetzung. Allen gemeinsam sind jedoch die kurze Vegetationszeit und die tiefen Jahresdurchschnittstemperaturen. Die vorkommenden Arten alpiner Rasen sind daher an die **extremen klimatischen Bedingungen** gut anpasst. Einige von ihnen gehören zu den bekanntesten Gebirgspflanzen überhaupt – so zum Beispiel das Edelweiß, die Alpen-Aster und die Silberdistel.

45← «Zwergwuchs – eine Erfolgsstrategie»

Das Edelweiß *(Leontopodium alpinum)* wächst auf kalkhaltigen Böden in alpinen Rasen von 1700 m ü. M. bis auf etwa 3000 m ü. M. Der auffällige, mehrzackige Stern ist nur eine Scheinblüte, die durch die **filzigen Hochblätter** gebildet wird. Mit dieser Auffälligkeit lenken diese Hochblätter die Aufmerksamkeit der bestäubenden Insekten auf die unscheinbaren Blüten in der Sternmitte. Bestäubt werden sie hauptsächlich von Fliegen, seltener auch von Bienen, Schwebfliegen, Käfern oder Schmetterlingen. Je nach Höhenlage und Standort blüht das Edelweiß zwischen Juli und September. Wie beim verwandten Löwenzahn sind Edelweißsamen Schirmchenflieger (Achänen) und werden vom Wind verweht. Das Edelweiß gehört zudem zu den Frostkeimern; d. h., es braucht eine bestimmte Dauer der Frosteinwirkung, damit es überhaupt keimen kann. Durch diesen Mechanismus wird verhindert, dass die Samen vorzeitig zu einem ungünstigen Zeitpunkt im Herbst keimen. Das **Edelweiß** ist im ganzen Alpenraum geschützt.

91← «Mit Haaren, Wachs und Pigmenten»

32← «Herkunft der Alpenpflanzen»

Alpiner Rasen

Wo findet man das Edelweiß?

Das **Edelweiß** ist die wohl bekannteste Alpenpflanze – kein Wunder, dass alle Besucher eines sehen möchten. Aber wo findet man das Edelweiß? Die auf den ersten Blick eher unscheinbare Pflanze ist in den alpinen Rasen nicht immer einfach zu finden. Hilfreich ist da die violette **Alpen-Aster** *(Aster alpinus)*, welche häufig dort zu finden ist, wo es auch Edelweiß gibt. Es lohnt sich deshalb, in der Umgebung von Alpen-Astern noch etwas genauer hinzuschauen. Oft entdeckt man auf den zweiten Blick auch ein Edelweiß!

→ Edelweiß

→ Alpen-Aster

Oben: Edelweiß *(Leontopodium alpinum)*

Unten: Die attraktive Alpen-Aster *(Aster alpinus)* wächst häufig an den gleichen Standorten wie das Edelweiß.

Die Silberdistel *(Carlina acaulis)* blüht von Juli bis Oktober in Alpweiden. Sie wird von Bienen, Hummeln und Schmetterlingen bestäubt. Die silbrigen Hüllblätter nehmen an der Unterseite mehr Feuchtigkeit auf als auf der Oberseite. Wenn die Luftfeuchtigkeit steigt, schließen sie die Hohlblätter dank dieser hygroskopischen Eigenschaft und schützen die Blüte vor Regen. Bei Sonnenschein öffnen sie sich wieder. Sie können diesen Effekt leicht beobachten, wenn Sie die Blütenblätter der Distel mit Wasser benetzen. Achten Sie dabei aber darauf, dass Sie diese geschützte Pflanze nicht beschädigen.

Fragen

- Wovor schützt die filzige Behaarung die Pflanzen?
- Warum sind viele Alpenpflanzen Frostkeimer?
- Wo wächst das Edelweiß?
- Welche Pflanze wächst häufig an den gleichen Standorten wie das Edelweiß?

→194–195
Antworten

Silberdistel *(Carlina acaulis)*

Kurzinformationen Sommer

Apollo

Zwischen Ende Mai und Ende August ist vor allem an sonnseitigen Gras- oder Felshängen unterhalb von 2000 m ü. M. der Apollofalter *(Parnassius apollo)* unterwegs. Mit einer Spannweite von bis zu 80 mm ist er die größte Tagfalterart der mitteleuropäischen Gebirgsregionen. Oft sitzt der **Apollo** mit aufgeklappten Flügeln auf einem Stein und sonnt sich. Dabei sieht man seine roten Augenflecken (Ocellen) auf den Hinterflügeln besonders gut. Trotz des Namens «Augenflecken» imitieren sie eigentlich keine Augen, sondern warnen mögliche Feinde wie **Vögel** und Eidechsen vor der Giftigkeit des Falters. Bei den Weibchen sind die «Augen» besonders groß. Weibchen sind oft auch etwas dunkler gefärbt, was vorteilhaft ist zur Tarnung oder in höheren Lagen zur Erhöhung der Körpertemperatur bei Sonnenschein. Apollofalter können sehr unterschiedlich aussehen und sind manchmal auch nicht so einfach vom ähnlichen Alpenapollo *(Parnassius phoebe)* zu unterscheiden. Dieser Falter hat jedoch deutlich geringelte Fühler und lebt meist oberhalb von 2000 m ü. M an Bachufern, Quellfluren und anderen feuchten Standorten. Die Raupe des Apollofalters ist schwarz mit orangen Punkten an den Seiten. Sie ernährt sich vor allem von Weißem Mauerpfeffer *(Sedum album)*. Später, als Falter, besucht der Apollo dessen weißen Blüten, bevorzugt aber die roten und violetten Blüten von Disteln, Flockenblumen oder Oregano.

→ Apollo

→40 «Vögel im Gebirge»

Apollofalter *(Parnassius apollo)*

Farbsignale

Bei Blüten, die von Insekten bestäubt werden, darf das Pollen- und Nektarangebot nicht zu üppig, aber auch nicht zu knapp ausfallen. Ideal ist eine Menge, die den Besuch lohnt, Bienen und andere Blütenbesucher aber nicht gleich sättigt, sodass sie noch weitere Blüten aufsuchen müssen. Der **Bewimperte Mannsschild** *(Androsace chamaejasme)* wächst in steinigen Rasen und blüht von Juni bis Juli. Wenn seine Blüten schon bestäubt sind, produzieren sie keinen Nektar mehr und hören auf zu duften. Gleichzeitig verfärben sich die Saftmale von gelb zu rot. Dank diesem **Farbsignal** erkennen die Insekten sofort, wenn eine Blüte keinen Pollen und Nektar mehr produziert, und fliegen sie nicht vergeblich an. Viele andere Gebirgspflanzen (vor allem Mannsschild- und Steinbrech-Arten) geben ebenfalls solche Farbsignale.

107← «Geröll und Schutt»

105← «Lieber Selbstbestäubung als gar keine»

Oben: Weißer Mauerpfeffer *(Sedum album)*

Unten: Beim Bewimperten Mannsschild *(Androsace chamaejasme)* sind die gelben Saftmale der unbestäubten Blüten gut von den roten Saftmalen der bestäubten Blüten zu unterscheiden.

Lautlose Spezialisten

Alpensalamander sind dämmerungs- und nachtaktiv. Besonders am frühen Morgen, wenn die Böden noch taunass sind, besteht auf Bergwanderungen die Gelegenheit, die sonst so heimlichen Tiere zu sehen. Unbeweglich verharren sie dann auf Steinen, im Gras oder mitten auf dem Wanderweg. Oft sind sie erst im letzten Moment zu sehen, sodass Wanderer ihre Füße sehr vorsichtig setzen müssen, um keines dieser kleinen, schwarz glänzenden Wesen zu zertreten.

→ Alpensalamander

Der Alpensalamander bewohnt viele Lebensräume zwischen 500 und 2500 m ü. M. Dabei ist er bei der Wahl seiner Lebensräume nicht besonders wählerisch; einfach feucht müssen sie sein und viele Hohlräume als Versteckmöglichkeiten bieten. Den größten Teil ihres bis zu 15 Jahre dauernden Lebens verbringen sie zurückgezogen in ihren Verstecken. Einige Wochen nach der Schneeschmelze werden die Alpensalamander aktiv. Schon im September ziehen sie sich wieder in ihre **Überwinterungsverstecke** zurück. Eine Besonderheit der Alpensalamander ist, dass sie im Gegensatz zu den meisten anderen Amphibien für ihre Fortpflanzung kein Wasser brauchen und lebendgebärend sind. Die Entwicklung der Eier und Larven findet im Leib des Muttertieres statt, welches nach zwei bis vier Jahren jeweils zwei fertig entwickelte Junge zur Welt bringt. Alpensalamander geben keine Laute von sich. Sie fressen Insekten, Spinnen, Würmer und Schnecken. Ihre giftigen Hautsekrete schützen gegen ihre Feinde – allerdings nicht gegen alle: Alpensalamander werden häufig von Schlangen und Vögeln erbeutet.

→164 «Dableiben und Abschalten»

Alpensalamander *(Salamandra atra)*

Zwergstrauchheiden

Über der Waldgrenze sind die verschiedenen Zwergstrauchheiden besonders auffällig: Sie überziehen weite Flächen und prägen die Landschaft mit ihren Farben und Formen. Zwergstrauchheiden sind Pflanzengemeinschaften, die aus verschiedenen kleinwüchsigen Arten, meist kleinwüchsigen Sträuchern, bestehen. Einige davon sind mehrjährig und verholzen; ihre Äste haben deshalb Jahrringe wie die Bäume. Zwergstrauchbestände sind Nahrung und Lebensraum für viele Tierarten. An den Zweigen und Blättern leben verschiedene Insektenarten. Die Sträucher bieten Schutz vor Wind, größere Tiere wie etwa **Rauhfußhühner**, Vögel und Marder finden Versteckmöglichkeiten. Auch Schlangen ziehen sich gerne in die Sträucher zurück. Abgesehen von einigen Insektenarten können die wenigsten Tiere etwas mit den Blättern der Zwergsträucher anfangen, weil diese giftig (Alpenrosen), stachlig (Wacholder) oder ledrig (Preiselbeere) sind. Dagegen sind die Beeren sehr beliebt bei Drosseln, Füchsen usw.

Alpenschneehuhn

Besonders auffällig sind zur Blütezeit die Alpenrosenheiden. Je nach Höhenlage blühen sie ab Juni bis Ende Juli. In Gebieten mit Gneis oder Granit wächst die **Rostrote Alpenrose** *(Rhododendron ferrugineum)* mit rostig braunen Blattunterseiten, und auf kalkhaltigen Böden die Bewimperte Alpenrose *(R. hirsutum)* (vikariierende Arten). Ihre immergrünen Blätter sind nicht frosthart. Deshalb können Alpenrosen nur an Stellen mit genügend Schneebedeckung wachsen. Alpenrosenheiden sehen oft wie vom Gärtner getrimmt aus. Alle Büsche sind ähnlich hoch und kein Zweig überragt die abgerundeten Büsche. Kein Wunder, denn wenn Triebe über die Schneedecke ragen, so erfrieren sie. Alpenrosen wachsen nur so hoch, wie durchschnittlich im

Zwergwacholder *(Juniperus communis subsp. alpina)* besiedelt eine sonnige Kuppe.

Winter der Schnee liegt. So sind die Pflanzentriebe vor tiefen Temperaturen und Verdunstung gut geschützt. Die Wuchshöhe der Alpenrosen gibt deshalb schon im Sommer einen Anhaltspunkt, wie schneereich ein Gebiet im Winter etwa sein wird. **Alpenrosen** kommen bis zur Waldgrenze vor. An vielen Orten wachsen sie scheinbar über der Waldgrenze. Doch dabei zeigen sie nur an, wie hoch hinauf der Wald eigentlich steigen könnte, wenn es keine Rodung und Beweidung gäbe.

→  Alpenrosen

Fragen

- Welchen Nachteil haben die heller gefärbten Apollo-Männchen im Vergleich zu den Weibchen?
- Welche Bedeutung haben die roten Augenflecken des Apollofalters auf dessen Hinterflügeln?
- Warum ist es für Pflanzen wichtig, Insekten über das Nektarangebot zu «informieren» und vergebliche Blütenbesuche zu verhindern?
- Worin unterscheidet sich der Alpensalamander von anderen Amphibien?
- Welche Eigenschaften muss ein Lebensraum für Salamander unbedingt haben?
- Warum fressen Kühe keine Zwergstrauchheiden?
- Warum wachsen Alpenrosenheiden nicht an Südhängen mit wenig Schnee?

→195 Antworten

Rostblättrige Alpenrosen
(Rhododendron ferrugineum)

Herbst

4
1
2
5
3
6

Einleitung Herbst

Höhere Berggipfel sind bereits weiß mit Schnee überzuckert. An schattigen Hängen wird er bis im Frühling liegen bleiben, denn die schwache Herbstsonne kann ihn nicht mehr weg schmelzen. Zuerst in höheren Lagen, dann immer tiefer hinunter verfärben sich Zwergstrauchheiden, Lärchen und Laubbäume und sorgen für märchenhafte, farbige Kalenderbilder. Die Kühe sind längst wieder ins Tal hinunter gebracht worden. Auf den verlassenen Alpen ertönt zur Brunstzeit das Röhren der Hirsche. Die Murmeltiere schlafen in ihren Überwinterungsbauten dem nächsten Frühling entgegen. Bergmolche und Ringelnattern haben sich an frostsichere und vor Feinden geschützte Orte zurückgezogen und sind in ihre Winterstarre gefallen. Die im Sommer braunen Schneehühner tragen nun ihr braun-weiß geschecktes Übergangsgefieder, bevor ihnen ihr weißes Wintergefieder wächst. Bei Inversionslagen mit Nebel in tieferen Lagen zieht es viele Sonnenhungrige hinauf an die Sonne.

Kältefeste Winzlinge

Erstaunlich viele Kleinlebewesen kommen in den Gebirgen noch auf Höhen von über 3000 m vor: Fliegen, Schmetterlingslarven, Käfer, Springschwänze (Collembolen), Spinnen, Tausendfüßer, Schnecken und Regenwürmer. Je nach Höhenlage sind sie nur 2–3 Monate im Jahr aktiv und verbringen die restliche Zeit in einer Art Kältestarre, in der sie keine Nahrung aufnehmen. Meist erstreckt sich auch ihre Entwicklung über 2–3 Jahre, weil die kurze Aktivitätsphase nicht ausreicht, ihre Entwicklung innerhalb eines Jahres abzuschließen.

Die meisten dieser kaltblütigen oder wechselwarmen Lebewesen werden bei tiefen Temperaturen unbeweglich und starr. «Wechselwarm» bedeutet, dass ihre Körpertemperatur von der Umgebungstemperatur bestimmt wird und nicht, wie bei uns, immer etwa gleich hoch ist. Körpereigene Frostschutzmittel aus Zucker-, Eiweiß- und Alkoholverbindungen verhindern, dass sie erfrieren. Nur wenige Spezialisten sind auch auf Schnee oder Eis noch aktiv. Dazu gehören zum Beispiel der Gletscherfloh und der Gletschergast. Diese
138← «Gletscher»
zwei **Gletscherbewohner** bevorzugen Temperaturen um 0 °C. Bei über 12 °C geraten sie in Lebensgefahr. Bei tieferen Temperaturen verfallen aber auch sie in eine Kältestarre. Sie halten dank körpereigenen Frostschutzmitteln Temperaturen bis zu –40 °C aus. Sie ernähren sich von Algen, totem Tier- oder Pflanzenmaterial oder angewehten Pollen. Dank ihrer dunklen Körperfarbe werden sie bei Sonnenlicht sofort aufgewärmt und profitieren von der Wärmestrahlung. Gleichzeitig schützt die dunkle Pigmentierung vor UV-Sonnenstrahlung. Gletscherfloh und Gletschergast gehören zu den Urinsekten, die sich von sogenannt modernen Insekten wie Schmetterlingen oder Heuschrecken durch verschiedene Merkmale unterscheiden, so zum Beispiel durch ihre Flügellosigkeit.

Gletschergast *(Boreus hyemalis)*

Dieses bis zu 4,5 mm große graubraune, metallisch glänzende Urinsekt gehört zur Familie der Winterhafte (Schnabelfliegen). Mit ihren unvollständig ausgebildeten Flügeln können sie nicht mehr fliegen. Das brauchen sie aber auch nicht, da sie sich vom Wind verwehen lassen. Ausgewachsene Winterhafte findet man zwischen März
147← «Gletscher-vorfeld»
und Oktober zur Paarungszeit auf Schnee und Firn oder am **Rand von Gletschern**. Ihre Larven leben auf Moospolstern am Boden oder auf Felsblöcken und ziehen sich ab September zur Verpuppung in Erdlöcher zurück.

← Gletscherfloh

Gletscherfloh *(Desoria saltans)*

Der sechsbeinige, bis zu 2,5 mm große **Gletscherfloh** gehört zu den Springschwänzen (Collembolen). Abgesehen von seiner Größe hat er mit Flöhen nichts zu tun. Zum Springen benutzt er nicht etwa seine Beine, sondern eine Sprunggabel. Bei Gefahr kann er damit etwa das 30-Fache seiner Körperlänge überspringen. Anders als der Gletschergast ist der Gletscherfloh flügellos. Er lebt während des ganzen Jahres auf Gletschern und Schnee. Auch andere schwarze Springschwanzarten, die hüpfend und in Massen auf Schnee anzutreffen sind, werden als Gletscherflöhe bezeichnet. Man findet sie in kleinen Pfützen auf dem Gletschereis, in Ritzen und Spalten, zwischen Eis und Schneedecken oder an Steinen, die etwas im Eis eingesunken sind.

Wenn das Eis an der Gletscheroberfläche an warmen Tagen schmilzt, so drohen die Tiere zu ertrinken und fliehen daher zu Tausenden an die Oberfläche. Das **Gletschereis** sieht dann oft schmutzig schwarzgrau aus. Wenn das Schmelzwasser in der Nacht oder bei kaltem Wetter wieder abnimmt, so kehren sie in ihre Schlupfwinkel zurück. Obwohl Gletscherflöhe klein sind, kann man sie ohne Weiteres von bloßem Auge beobachten, da sie meistens in Scharen auftreten.

→74 «Blutschnee»

Gletschergast *(Boreus hyemalis)*

Beobachtungstipps

- Versuchen Sie auf Firn, Schnee oder Eis Gletscherfloh oder Gletschergast zu entdecken.
- Achten Sie ab 3000 m ü. M. auf Schnecken, Würmer, Insekten und Spinnen. Machen Sie Fotos von den entsprechenden Tieren und zögern Sie nicht, allfällige Beobachtungen in großen Höhen den örtlichen Naturschutzbehörden zu melden.

Fragen

- Warum dauert es im Gebirge manchmal mehr als ein Jahr, bis ein Insekt ausgewachsen ist?
- Was geschieht mit wechselwarmen Lebewesen im Winter?
- Warum gibt es auf Gletschern keine hell gefärbten oder durchsichtigen Insekten?
- Warum sind an heißen Tagen im Spätsommer besonders viele Gletscherflöhe an der Oberfläche zu sehen?

195–196← Antworten

Gletscherfloh *(Desoria saltans)*

Gämsen

Der Spätherbst, ab Mitte Oktober bis etwa Anfang Januar, ist für Gämsböcke eine besonders anstrengende Zeit: die **Brunft!** Beim Kampf um die Geißen liefern sie sich mit den Konkurrenten wilde Verfolgungsjagden und rennen dabei durch steilstes Gelände. Zwar kommt es trotz ihren Hörnern selten zu ernsthaften Verletzungen. Während der Brunstzeit verbrauchen sie viele Fettreserven, und es bleibt ihnen auch kaum Zeit zum Fressen. Von der intensiven Brunstzeit geschwächt, sind Gämsböcke oft die ersten, die in schneereichen Wintern bei Futterknappheit umkommen, gefolgt von den Jungtieren. Die Geißen sind am widerstandsfähigsten. Das rötlichbraune Sommerfell wird durch ein längeres, schwarzbraunes Winterfell mit wärmender Unterwolle ersetzt. Von den hochgelegenen Sommerweiden ziehen sich die Gämsen in tiefere Lagen zurück. Oft halten sie sich im Bergwaldbereich oder in schneefreien Lawinenzügen auf, wo sie leichter Futter finden. Statt saftigen Gräsern und Kräutern müssen sich Gämsen im Winter mit Nadeln, Flechten, Rinde und Triebspitzen von Bäumen und Sträuchern begnügen. In den **Wintermonaten** sind Gämsen den ganzen Tag auf Nahrungssuche. Im Sommer fressen sie nur in den kühleren Morgen- und Abendstunden und halten sich während der heißen Zeit des Tages im Schatten auf.

→ Gämse
→172 «Brunft im Hochwinter»
→162 «Überwintern im Gebirge»

Eine Herde Gämsen in einer alpinen Wiese.

Die Gämsgeißen bringen ihren Nachwuchs nach 170 Tagen Tragzeit im Frühling zur Welt; meistens sind es ein bis zwei Jungtiere. Sie werden sechs Monate lang gesäugt, beginnen aber schon während dieser Zeit, Gräser und Kräuter zu fressen. Die Jungtiere bleiben bis zur Geburt der nächsten Jungen bei ihrer Mutter. Mit etwa zweieinhalb Jahren werden sie geschlechtsreif. Gämsen können bis zu 20 Jahre alt werden. Im Sommer leben die Geißen mit ihren Jungtieren im Rudel, die Böcke leben hingegen einzelgängerisch. Nur während der Brunstzeit sind sie zusammen. Bei Gefahr stoßen Gämsen eine Art Schrei aus, der auch von **Murmeltieren** als Warnung verstanden wird. Die Böcke werden bis 130 cm hoch und 55 kg schwer. Die Weibchen sind kleiner und leichter gebaut. Beide Geschlechter haben Hörner. Mit ihren muskulösen Beinen, leistungsfähigen Gelenken und weichschaligen Hufen, die wie Kletterfinken an kleinsten Unebenheiten im Fels anhaften, sind sie bestens an ihren Lebensraum im Gebirge angepasst.

→ Murmeltierpfiff

Gämsblindheit

Eigentlich sollte diese Infektionskrankheit «Schafsblindheit» heißen, da sie von Schafen, die im Sommer im Gebirge weiden, in den Lebensraum der Gämsen eingeschleppt wird. Bei erkrankten Tieren entzünden sich Binde- und Hornhaut der Augen, in schweren Fällen erblinden sie dauerhaft. Erkrankte Schafe oder Ziegen können meistens geheilt werden. Bei einem milden Verlauf können auch Wildtiere überleben. Allerdings dauert es etwa sechs Monate lang, bis ihr Körper die bakterienartigen Erreger (Mycoplasmen) bekämpft hat. Viele Gämsen und Steinböcke verhungern vorher oder stürzen ab. Ein Wildtier, das diese Krankheit überlebt hat, kann später immer wieder daran erkranken. In Gäms- und Steinbockrudeln verschwindet die Krankheit nach einer Weile wieder und kann sich nicht wie in Schafherden dauerhaft halten. Gämsen und Steinböcke haben nur ein Mal im Jahr Junge und nicht wie bei den Schafen über das ganze Jahr hindurch verteilt. Bei den Schafen werden die anfälligen Jungtiere immer wieder angesteckt, sodass der Erreger in Schafherden überleben kann. Neue Epidemien bei Wildtieren entstehen deshalb nur, wenn der Erreger der Gämsblindheit wieder neu von Schafen eingeschleppt wird. Wenn bei einer Gämse oder einem Steinbock der Gang unsicher wirkt oder wenn unterhalb des Auges verklebte Haare von einer Tränenstraße sind, könnte es sich um Gämsblindheit handeln. Trifft man auf ein krankes Tier, so sollte man sich ihm nicht nähern, um nicht noch zusätzlichen Stress zu verursachen. Am besten meldet man seine Beobachtungen dem zuständigen Wildhüter.

Linke Seite: Gämsen sind sowohl im Geröll als auch auf Schneefeldern sehr trittsicher.

Beobachtungstipps

- Weil sich Gämsen gerne in unwegsamen Abhängen und Geröllfeldern aufhalten, ist ein Feldstecher hilfreich.
- In vielen Ferienorten werden geführte Wildtierbeobachtungen angeboten. Nutzen Sie diese Angebote!

Fragen

- Warum sind Böcke oft weniger gut auf den Winter vorbereitet als die Geißen?
- Sind es eisig kalte und schneearme oder eher milde und schneereiche Winter, die den Gämsen besonders zusetzen?

196← Antworten

Gämse im Sommerkleid.

Bergwald und Naturgefahren

Bergwald ist Lebensraum für viele Pflanzen und Tiere. Er liefert Futter, Unterschlupf, Nistmöglichkeiten und Schutz vor Unwettern und Feinden. Doch auch für uns ist der Bergwald unersetzlich. Nicht nur als Holzlieferant, sondern vor allem als Schutz vor Naturgefahren. Denn ohne Bergwald wären viele Täler in den Alpen unbewohnbar. Bergwälder schützen vor Lawinen, Erdrutschen, Murgängen, Überschwemmungen oder Steinschlag.

Lawinen

Lawinen entstehen bei Neuschnee, Kälte und Wind oder im Frühling bei großer Sonneneinstrahlung und Wärme. In gleichmäßig aufgebauten Schneedecken können Spannungen entstehen, die in 28–45° steilen Hängen **Lawinen** auslösen können. Unter den Bäumen im Wald ist die Schneedecke unterschiedlich zusammengesetzt, weil die Baumkronen einen großen Teil des Schnees auffangen, zurückhalten und er je nach Baum erst später schaufelweise hinunter fällt. Deshalb ist es kaum möglich, dass im Wald eine Lawine entsteht. Dicht stehende Bäume bremsen auch Lawinen, die von höher gelegenen Hängen hinunter stürzen und die ohne Schutzwald den bewohnten Talboden erreichen würden.

→ Lawine

Erdrutsche

Erdrutsche können bei Hängen ab 22° Neigung durch Erschütterungen und große Durchnässung des Bodens, wie sie etwa nach starken Regenfällen vorkommt, ausgelöst werden. Baumwurzeln befestigen den Boden bis in etwa zwei Meter Tiefe und schützen ihn so vor dem Abrutschen. Durch Verdunstung in den Blättern und Nadeln entziehen die Bäume dem Boden über die Wurzeln Wasser und trocknen ihn.

Überschwemmungen, Murgänge

Nach heftigen Regenfällen oder bei der Schneeschmelze wachsen Wildbäche rasch an. Bäche mit einem Gefälle von mehr als 14° Neigung können Erde und Gestein mitreißen und zu **Murgängen** (Geröllawinen) anschwellen. Im Wald fließt nur ein kleiner Teil des Regenwassers an der Bodenoberfläche ab. Wurzelreicher Waldboden saugt wie ein Schwamm viel Wasser auf und gibt es erst verzögert wieder ab. Fast ein Drittel des Regenwassers erreicht gar nie den Boden, sondern wird von den Baumkronen aufgefangen und verdunstet. Damit verringern die Bergwälder die Gefahr von Hochwassern in tieferen Lagen.

→ Murgang

Steinschlag

Wenn Wasser in kleinsten Ritzen abwechslungsweise gefriert und wieder auftaut, wird dabei das Gestein gesprengt. Lockere Blöcke oder Steine können sich dadurch bei Erschütterungen lösen und ins Tal stürzen. Bäume im Wald können abstürzende Steine bremsen oder sogar stoppen. Besonders wirksam sind dabei Baumstämme mit einem Durchmesser von 30 cm und mehr. Der Bergwald selber verhindert auch Steinschlag, indem die Baumwurzeln wie Netze den Boden befestigen.

→ Steinschlag

Wo Bergwälder zuwenig schützen oder wo es keine gibt, braucht es teure technische Verbauungen. Das Klima wird wärmer und die Heftigkeit der Stürme nimmt zu. Schützende Bergwälder werden deshalb immer wichtiger, damit viele Berdörfer auch weiterhin bewohnbar bleiben.

Linke Seite: Staublawine am Wetterhorn bei Grindelwald (Schweiz).

Oben: Murgang in Österreich.

Anriss bei einem Bachufer als Folge der Erosion.

Der Schutzwald von Realp (Schweiz).

Typische Bäume des Bergwaldes

Vogelbeere *(Sorbus aucuparia)*

← Vogelbeere

Merkmale	Gefiederte Blätter, im Frühling Büschel weißlicher Blüten und im Herbst rotorange Beeren.
Besonderes	Lichtliebende Pionierart, steigt fast bis zur Waldgrenze hinauf.
Verbreitung	An Waldrändern und in lichten Wäldern in ganz Europa verbreitet.

Arve *(Pinus cembra)*

Merkmale	Fünf Nadeln pro Büschel. Ihre Zapfen sind groß und schwer.
Besonderes	Wächst selten unterhalb von 1700 m ü. M. und steigt bis zur Baumgrenze hinauf. Die Arve wächst sehr langsam: vier Meter hohe Bäume können durchaus schon mehr als 100-jährig sein. Das aromatisch riechende Arvenholz wird als Baumaterial für Innenräume verwendet. Arvenholzspäne im Kopfkissen sollen den Schlaf fördern. Die schweren Arvennüsschen werden vom **Tannenhäher** verbreitet. Lichtliebender, extrem frostharter Baum.
Verbreitung	Zentralalpen und Karpaten.

157← Kurzinformationen Herbst: «Gefiederter Arvengärtner»

Lärche *(Larix decidua)*

Merkmale	Kurze, in Büscheln wachsende Nadeln, die sich im Herbst goldbraun verfärben.
Besonderes	Lichtliebende Pionierart, die bis zur Baumgrenze hinaufsteigt. Einziger Nadelbaum Mitteleuropas, der im Herbst die Nadeln verliert. Wegen seines hohen Harzgehalts ist Lärchenholz sehr dauerhaft und wird daher gerne zum Bau von Häusern, Brücken usw. verwendet.
Verbreitung	Zentralalpen und Tatra. Europaweit in Gärten und Parks angepflanzt.

Fichte *(Picea abies)*

→ Fichte

Merkmale	Immergrüner, großer Nadelbaum mit hängenden Zapfen.
Besonderes	Die Fichte wächst sowohl in tiefen Lagen wie auch im Gebirge. Im Vergleich zu den anderen Arten kann sie auch im Gebirge relativ schnell wachsen. Fichtenholz wird im Innen- und Außenbau verwendet.
Verbreitung	In ganz Europa weit verbreitet. Wird oft auch «Rottanne» genannt.

Birke *(Betula pendula)*

Merkmale	Auffallend weiße Rinde, helle, manchmal leicht silbrig schimmernde Blätter, die sich im Herbst gelb verfärben. Im Herbst hängen an den Zweigen auffällige braune Samenkätzchen.
Besonderes	Lichtliebende Pionierart, die an harte klimatische Bedingungen angepasst ist. Sie kommt fast bis zur Waldgrenze hinauf vor. Birkenholz wird vor allem in Skandinavien zu Möbeln verarbeitet.
Verbreitung	Ist in ganz Europa weit verbreitet.

Beobachtungstipps

- Versuchen Sie, auf Ihrer Wanderung durch einen Bergwald die oben beschriebenen Baumarten zu erkennen
- Halten Sie Ausschau nach Bäumen, die durch Steinschlag verletzt wurden, resp. nach Steinen oder Geröllmassen, die durch Bäume aufgefangen wurden.
- Frühere Lawinenniedergänge bleiben oft jahrelang als Schneisen im Wald sichtbar. Der nachwachsende Wald unterscheidet sich dort stark von den daneben stehenden unversehrten Waldflächen. Können Sie die unterschiedliche Artzusammensetzung an solchen Stellen erkennen?
- Achten Sie bei steilen Hängen auf die kräftigen Wurzeln, mit denen sich Bäume am Hang stabilisieren. An Wegböschungen oder bei frisch umgestürzten Bäumen ist das dichte Wurzelgeflecht oft besonders gut zu sehen.

Fragen

- Welche zwei Laubbäume wachsen auch in Bergwäldern?
- Welcher Nadelbaum hat fünf Nadeln pro Nadelbüschel?

→196 Antworten

Gletscher – Landschaftsgestalter mit Vorlieben für runde Formen

← Gletscherbach

Ohne eiszeitliche Gletscher würden viele Landschaften von den Alpen bis in die norddeutschen Tiefebenen heute ganz anders aussehen: Aus Moränenmaterial formten sie Hügel, hobelten Täler mit markanten U-Formen aus und rundeten Felsen ab. Die übrig gebliebenen Gletscher in den Alpen sind nur noch kleine Überreste der eiszeitlichen Eisströme. Wegen Klimaveränderungen haben die Alpengletscher in den letzten 150 Jahren einen Drittel ihrer Fläche und die Hälfte ihrer Masse verloren. Doch auch diese, leider abschmelzenden Gletscher sind faszinierend und einen Besuch wert. Am Rand eines Gletschers zu stehen, die Geräusche von brechendem Eis und sprudelndem **Schmelzwasser** zu hören oder den kühlen Lufthauch der Eismassen zu spüren, die Gletscherspalten und Eisfarben zu sehen, ist ein eindrückliches Erlebnis!

56← «Alpine Fließgewässer»

Morgenstimmung über dem Großen Aletschgletscher (Schweiz).

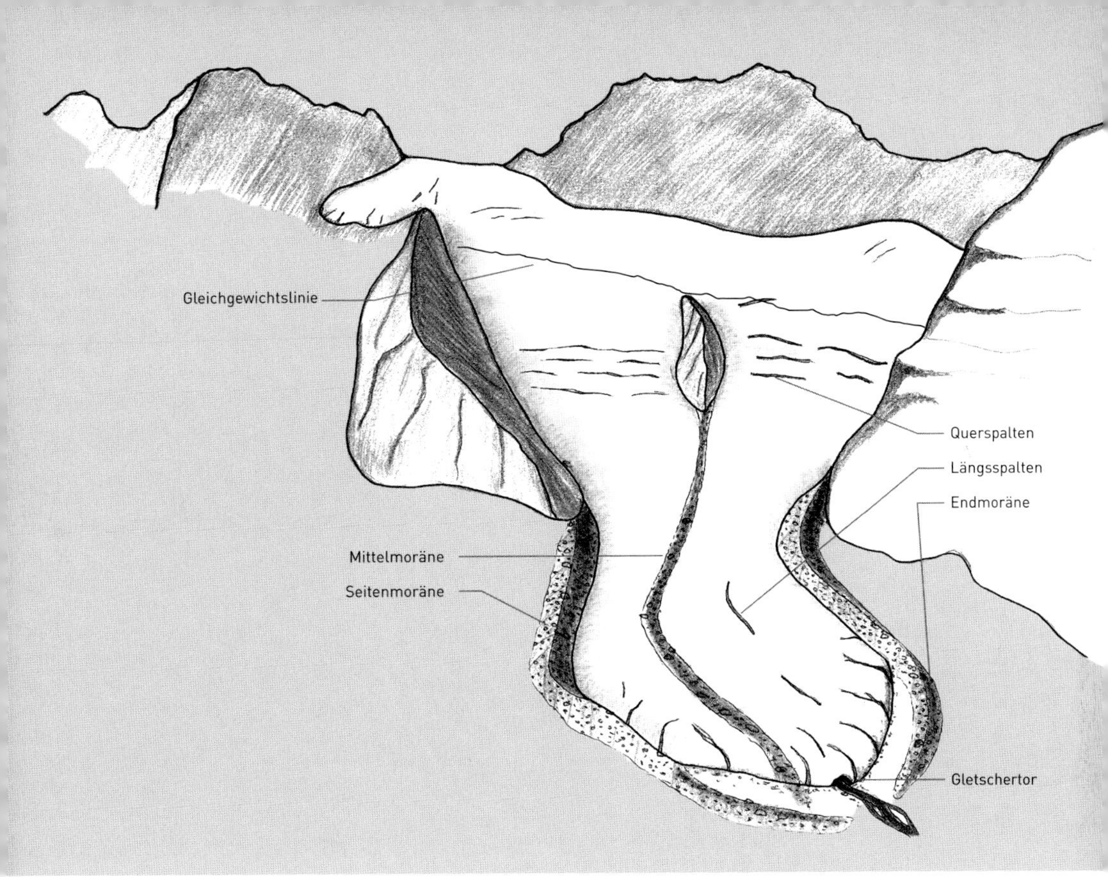

Gletscher gibt es nur in kalten Regionen. Zudem muss ausreichend Niederschlag in Form von Schnee fallen, da Gletschereis aus Schnee entsteht. Man unterscheidet bei Gletschern zwischen der Nähr- und der Zehrzone. In der höher gelegenen Nährzone fällt mehr Schnee und entsteht mehr Eis, als wieder wegschmilzt, während in der tiefer gelegenen Zehrzone die Verhältnisse gerade umgekehrt sind. Zwischen der Nähr- und der Zehrzone verläuft die Gleichgewichtslinie: Hier halten sich Eisbildung und Abschmelzung gerade die Waage. Sie ist im Gelände meist nur im Herbst erkennbar, wenn der Gletscher mehrheitlich schneefrei ist.

→ Gletscher

Gletscherspalten und Moränen

Eis schmilzt unter normalen Bedingungen bei über 0 °C, unter Druck jedoch schon bei tieferen Temperaturen. Durch das Eigengewicht des Gletschers schmilzt am Untergrund eine Eisschicht und liefert einen dünnen Wasserfilm. Dieser verringert den Reibungswiderstand, weshalb unter dem Einfluss der Schwerkraft die Eismassen abwärtsfließen. In der Gletschermitte fließt das Eis schneller als am Rand. Dort ist

Schematische Darstellung eines Gletschers.

die Eisdicke geringer und die bremsenden Reibungskräfte sind größer. Je nach Bedingungen auf dem Gletscher fließt das Eis mit einer Geschwindigkeit von 20 m bis 200 m pro Jahr. Durch die unterschiedlichen Fließgeschwindigkeiten entstehen Spannungen im Eis. Diese führen zur Entstehung von Gletscherspalten. Gletscherspalten bilden sich auch bei Steilstufen, Verengungen usw. und liefern damit Informationen über den Untergrund und das Fließverhalten eines Gletschers. Während die quer verlaufenden Spalten entstehen, wenn der tiefer gelegene Teil des Gletschers schneller fließt als der höhere, sind Längsspalten das Resultat von Dehnungen der Gletscheroberfläche, zum Beispiel wenn sich das Eis nach einer Verengung wieder ausbreiten kann. Weil das Eis in der Tiefe unter Druck plastischer und besser verformbar ist, sind Gletscherspalten kaum tiefer als 30 m.

147← «Gletschervorfeld»

Moränen sind das Geschiebematerial eines Gletschers. Je nach **Ablagerungsort** haben sie verschiedene Namen: Mittelmoräne, Seitenmoräne oder Endmoräne. Von größeren Felsblöcken bis zum kleinsten Sandkorn kommen unsortiert alle Gesteinsgrößen in einer Moräne vor. Moränenmaterial ist kaum geschliffen oder abgerundet. Nur Steine, die unter dem Eis transportiert wurden, haben runde Formen.

Oben: Bei diesem Felspfeiler zeigen der abgerundete Sockel und die hellere Gesteinsfarbe eine frühere Eisgrenze an.

Rechte Seite: Jahresschichten im Eis.

Falls Sie die Kenntnisse zum Betreten eines Gletschers nicht haben, so macht
122← «Gletschergast» das nichts: Viele spannende Naturphänomene auf und neben **Gletschern** können Sie auch von den Seitenmoränen aus beobachten.

Jahresschichten

Bei senkrechten Eiswänden sind dunkle Sommerschichten und helle, meist dickere Winterschichten erkennbar. Die dunklen Sommerschichten entstehen durch Staubablagerungen, wenn während längerer Zeit kein Schnee fällt. Je weiter die dunklen Schichten voneinander entfernt sind, desto schneereicher war der dazwischenliegende Winter.

Gletschertische

Größere Steinplatten wirken als Strahlungsschutz für das darunterliegende Eis. Dieses schmilzt daher unter dem Stein langsamer ab als in seiner Umgebung; entsprechend liegt die Steinplatte mit der Zeit deutlich über der restlichen Gletscheroberfläche.

Gletschertisch

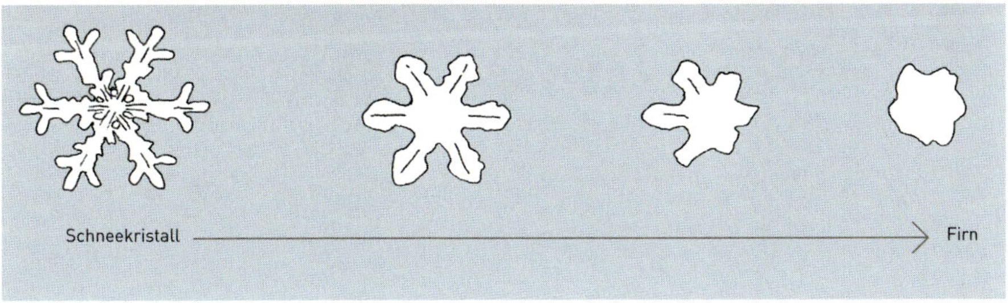

Oben: Blaues Gletschereis
Unten: Schematische Darstellung, wie sich ein Schneekristall mit der Zeit in Eis umwandelt.

Wenn ein Gletschertisch auf einem großen Sockel steht, so kann ihn die Sonne bei einem bestimmten Einfallswinkel anschmelzen, sodass der Tisch irgendwann umkippt. Mit der gleichen Steinplatte kann sich mit der Zeit wieder ein neuer Gletschertisch bilden.

Blaues Gletschereis

Neuschnee hat einen Luftgehalt von 90 Prozent, Gletschereis mit großer Dichte nur noch von etwa 2 Prozent. Dichtes Eis ist nicht weiß, sondern bläulich, weil das Sonnenlicht anders gebrochen und reflektiert wird.

Findlinge, Gletscherschliff und Gletschermilch

Ganze Felshänge sind vom Gletscher abgerundet. Der Höchststand der Gletscher in den Alpen kann anhand der Schliffgrenzen erkannt werden. Denn über das Eis ragende Felsen wurden nicht abgerundet und haben splittrige, kantige Formen. Während den Eiszeiten waren sie als sogenannte Nunatakker wichtige Rückzugsgebiete für Tiere und Pflanzen. Der große Druck der Eismasse und die darin eingefrorenen und mittransportierten Steine wirkten wie Schmirgelpapier auf dem steinigen Untergrund. Dabei entstanden Kratzspuren auf der Gesteinsoberfläche, welche die Fließrichtung des Gletschers anzeigen. Das dabei abgeschmirgelte Gesteinsmehl

Findling

färbt die Gletscherbäche milchig weiß und sammelt sich als weißes Puder an ihren Ufern an. Die mineralienreiche **Gletschermilch** war vor dem Aufkommen des Kunstdüngers als Düngung und Bewässerung für die Berglandwirtschaft willkommen. Dabei wurde das Gletscherwasser in kilometerlangen Wasserkanälen von den Gletschern zu den Kulturen in den Tälern transportiert. Viele dieser Wasserleitungen sind noch heute in Betrieb, zum Beispiel im Wallis (Schweiz) oder im Vinschgau (Italien).

→56 «Gletscherbäche» im Kapitel «Alpine Fließgewässer»

Die eiszeitlichen Gletscher transportierten haushohe Blöcke ins Alpenvorland. Als die Gletscher schmolzen, blieben diese Steinblöcke oft mehrere hundert Kilometer von ihrem Herkunftsort entfernt liegen. Viele dieser Findlinge können noch heute bestaunt werden. Andere wurden zum Bau von Häusern verwendet oder mussten Straßen weichen. Aufgrund der Gesteinszusammensetzung eines Findlings können Geologen seine ungefähre Herkunft aus den Alpentälern angeben. Mithilfe von Findlingen und weiteren Beobachtungen konnten Forscher im 19. Jahrhundert beweisen, dass es Eiszeiten gegeben hat.

Gletscherschliff

Eisige Archive

Im Zusammenhang mit der Klimaerwärmung sind Gletscher interessante Forschungsobjekte, da die im Gletschereis eingeschlossenen Luftbläschen Informationen über die Zusammensetzung der Atmosphäre zu früheren Zeiten liefern. Im Zentrum von großen Gletschern ist das Eis oft mehrere Jahrhunderte alt, sodass die Konzentration von verschiedenen Gasen und Substanzen über einen längeren Zeitraum zurückverfolgt werden kann. Unterschiedliche Konzentrationen von Radioaktivität nach Kernwaffentests und Reaktorunfällen sind ebenso im Eis nachweisbar wie Schwefeldioxid und andere Abgase aus Industrie und Verkehr. Gefrorene Pollenkörner lassen Rückschlüsse auf die Vegetation und das Klima vergangener Zeiten zu. Mit diesen Informationen erhoffen sich Klimaforscher, genauere Prognosen für künftige Klimaentwicklungen machen zu können.

Beobachtungstipps

› Suchen Sie mit dem Feldstecher von einem erhöhten Standort aus die Gletscheroberfläche ab. Entdecken Sie Gletschertische und blaues Gletschereis?
› Versuchen Sie, die verschiedenen Spalten und Moränentypen, die auf der Zeichnung (S. 139) angegeben sind, im Gelände zu erkennen.
› Versuchen Sie in einem felsigen Bergtal anhand der Felsformen und Schliffspuren zu erkennen, bis auf welche Höhe hinauf die Gletscher einst reichten.

Fragen

› Warum kann man nicht in 50 m tiefe Gletscherspalten fallen?
› Welche Zone befindet sich unterhalb der Gleichgewichtslinie?
› Was geschieht, wenn in der Nährzone des Gletschers während mehrerer Jahre mehr Schnee fällt als schmilzt?

196← Antworten

Gletschervorfelder und alpine Schwemmebenen

Gletschervorfelder entstehen beim Rückzug der Gletscher. Sie zeigen im Kleinen, wie die Landschaften Mitteleuropas kurz nach dem Ende der letzten Eiszeit vor 11 000 Jahren vermutlich ausgesehen haben.

Gletschervorfelder sind dynamische Landschaften, die sich immer wieder verändern, weil die vom **Gletscherwasser** gespeisten Wildbäche im Jahres- und Tagesverlauf unterschiedliche Wassermengen führen. Dabei nehmen sie immer wieder neue Wege und formen Kiesbänke um.

→ Gletscherbach

Vom Wasser sind auch die alpinen Schwemmebenen geprägt. Darunter versteht man flache Gebiete oberhalb von 1800 m ü. M., die sich im näheren oder weiteren Bereich eines Gletschervorfelds befinden. Sie werden von **mäandrierenden Bächen** durchflossen, die bei Hochwasser die ganze Ebene überfluten und verändern.

→56 «Alpine Fliessgewässer»

Schwemmebene eines Gletschervorfeldes.

Gletschervorfelder und Schwemmebenen beherbergen eine Vielfalt von Lebensräumen auf kleinstem Raum. Gesteine verschiedenster Zusammensetzung aus dem Herkunftsgebiet der Gletscher bilden in verschiedenen Korngrößen einen Rohboden mit kleinflächig wechselnden Bodeneigenschaften und Lebensbedingungen. Dieser Rohboden kann erst nach einer Weile von Pflanzen bewachsen werden. Die oft kleinflächigen Unterschiede zeigen sich in den typischen mosaikartigen Verteilungen der Vegetation. Je nach Höhenlage, Exposition, Boden und Lokalklima verläuft die Besiedelung eines Gletschervorfelds immer etwas anders ab.

Vegetationsentwicklung (Sukzession)

80← «Flechten»

← Flechten

Meist werden Gletschervorfelder und Schwemmebenen zuerst von Algen, **Flechten** und Moosen besiedelt (vgl. Abbildung gegenüber). Bereits nach wenigen Jahren siedeln sich die ersten Pioniere unter den Blütenpflanzen an. Dazu gehören der Sternblütige Steinbrech *(Saxifraga stellaris)*, der Gletscher-Hahnenfuß *(Ranunculus glacialis)* und Fleischers Weidenröschen *(Epilobium fleischeri)*. Wenn die Besiedelung durch Pflanzen nicht durch Erosion, Rutschungen oder menschliche Eingriffe gestört wird, entwickeln sich aus Einzelpflanzen kleine Pflanzengruppen, die sich mit der Zeit zu kleinen Rasen verdichten. Die Lebensbedingungen in einem Gletschervorfeld sind ähnlich wie die in einer **Schutthalde**. Gletschervorfelder sind allerdings flacher, sodass Pflanzen durch nachrutschenden Schutt weniger häufig mechanisch verletzt werden. Nachdem die Erstbesiedler den eisfreien Untergrund stabilisiert und mit Nährstoffen angereichert haben, werden sie im Verlauf von Jahrzehnten und Jahrhunderten von anspruchsvolleren Arten verdrängt. Aus Rasen entwickeln sich je nach Höhenlage **Zwergstrauchheiden**, später lockere Baumbestände oder Wald.

107← «Geröll und Schutt»

116← Kurzinformationen Sommer: «Zwergstrauchheiden»

Das Besondere an Gletschervorfeldern ist, dass man diese zeitliche Entwicklung und Abfolge der Vegetation je nach Abstand vom Gletschereis nebeneinander beobachten kann.

Rechte Seite: Die vier verschiedenen Sukzessionsstadien eines Gletschervorfeldes.

Pionierpflanzen im Hochgebirge

105← «Lieber Selbstbestäubung als gar keine»

Pionierpflanzen sind die ersten Arten, die neu entstandene, bisher noch vegetationsfreie Flächen besiedeln. Dazu gehören neben den Schwemmebenen und Gletschervorfeldern auch die Geröllhalden. Die Pionierpflanzen des Hochgebirges sind in der Regel lichtliebend und konkurrenzschwach. Sie werden deshalb im Verlauf der Vegetationsentwicklung (Sukzession) von anderen Arten verdrängt. Pionierpflanzen haben bescheidene Ansprüche an Nährstoffgehalt und Bodeneigenschaften und benötigen je nach Art unterschiedliche Wassermengen. Sie produzieren viele leichte Samen, die in kurzer Zeit weit verbreitet werden und ungünstige Bedingungen überdauern können. Zusätzlich sind Pionierpflanzen widerstandsfähig gegen mechanische und klimatische Einflüsse.

Beobachtungstipp

Versuchen Sie, in einem Gletschervorfeld die vier verschiedenen Sukzessionsstadien der Vegetation zu erkennen.

Fragen

- Was ist so besonders an Gletschervorfeldern?
- Warum sind Gletschervorfelder dynamische Landschaften?
- Warum läuft die Besiedelung eines Gletschervorfelds nicht überall gleich ab?
- Warum werden Pionierpflanzen im Verlaufe der Vegetationsentwicklung von anderen Arten verdrängt?

196–197← Antworten

Fleischers Weidenröschen
(Epilobium fleischeri)

Kurzinformationen Herbst

Bartgeier, der größte Vogel der Alpen

Besonders vom späten Vormittag an, wenn die Thermik etwas zunimmt, lohnt sich ein Blick in den Himmel. Es kann durchaus sein, dass man einen **Bartgeier** *(Gypaetus barbatus)* entdeckt. Mit einer Flügelspannweite von fast drei Metern ist er der größte Gebirgsvogel Mitteleuropas und auch aus großer Entfernung gut zu erkennen. Im 19. Jahrhundert wurde dieser zu Unrecht als Lämmergeier und Räuber beschuldigte Vogel in den meisten Teilen der Alpen ausgerottet. Dabei ernährt er sich überhaupt nicht von Frischfleisch, sondern ausschließlich von Knochen und Aas von Fallwild; zum Beispiel von Wildtieren, die in Lawinen starben. Während der Paarungszeit in der Wintermitte fliegt das Männchen Balzflüge. Ende Januar werden ein bis zwei Eier gelegt und abwechslungsweise von beiden Elternvögel bebrütet. Nach zwei Monaten schlüpfen die Jungvögel, von denen immer nur einer überlebt. Spätestens im Juli wird der Jungvogel flügge, bleibt aber noch bis im Spätherbst bei den Eltern. Die Bauchfedern der Bartgeier sind eigentlich weiß, aber weil die Vögel gelegentlich ein Erdbad nehmen oder ihr Gefieder an den Ruheplätzen mit Erde in Berührung kommt, scheint es braunrot zu sein.

→ → Bartgeier

In der Schweiz konnte man den einst ausgerotteten Vogel erstmals 1991 wieder antreffen, als im Schweizer Nationalpark ein Bartgeierpaar ausgesetzt wurde. Der Versuch scheint erfolgreich zu sein: In der Zwischenzeit sind im Grenzgebiet der Schweiz, Österreichs und Italiens bereits über 30 Bartgeier ausgeflogen. Die besten Chancen, ihn zu treffen, bestehen daher im Vinschgau (I), Voralberg, Tirol (A) und Graubünden (CH).

Beobachtungstipp

Halten Sie vom späten Vormittag an Ausschau nach Bartgeiern und anderen großen Vögeln. Wenn die Thermik im Verlaufe des Morgens besser geworden ist, sind sie am Kreisen und auf Futtersuche.

Fragen

- Wie gewinnen die Bartgeiermännchen zur Paarungszeit die Aufmerksamkeit der Weibchen?
- Warum sind die Bauchfedern der Bartgeier braunrot gefärbt?

→197 Antworten

Der Hirsch, das größte einheimische Säugetier

Hirsch

Wenn man von den vereinzelt gesichteten Braunbären *(Ursus arctos arctos)* absieht, so kann der **Rothirsch** *(Cervus elaphus)* als größtes heimisches Säugetier gelten. Genau wie der Braunbär auch, ist der Rothirsch massiv bejagt und in der Mitte des 19. Jahrhunderts beinahe ausgerottet worden. Dank Schutzmaßnahmen konnten sich seine Bestände aber seither wieder erholen, sodass er nicht mehr als gefährdet gilt.

Pro Tag frisst ein Hirsch zwischen 8 und 20 Kilogramm Gras, Knospen, Flechten, Rinde und Nüsse. Die meiste Zeit des Jahres gehen Stiere und Kühe getrennte Wege und kommen nur zur Brunstzeit zusammen. Stiere leben in männlichen Rudeln, und Hirschkühe zusammen mit den Kälbern und den Jungtieren vom Vorjahr. Vom zweiten Lebensjahr an bis zu ihrem Lebensende wächst den Stieren jährlich zwischen März und Juli ein Geweih, das immer im Spätwinter wieder abgeworfen wird. Es dient zum Imponieren und Kämpfen und kommt vor allem in der Brunstzeit zum Einsatz. Zwischen Mitte September und Mitte Oktober findet die eindrückliche Hirschbrunst statt. Dabei tragen die Hirschstiere Rangkämpfe um die Gunst der Kühe aus. Vor allem in der Dämmerung und nachts sind sie am Kämpfen, und man hört ihr Röhren bis in die Täler hinunter. Im Val Trupchun im Schweizerischen Nationalpark, wo die Tiere wenig gestört werden, kann die Brunst auch am Tag beobachtet werden.

Rothirsche *(Cervus elaphus)*

Hirsche und andere Wildtiere als Baumschädlinge

Hirsche können junge Laub- und Nadelbäume durch Fegen, Schälen oder Verbiss schädigen. Wenn das neue Geweih im Frühling ausgewachsen ist, reiben sie an Bäumen die Basthaut ab, die vorher gut durchblutet das wachsende Geweih umgeben hat und nun überflüssig wird. Beim Schälen reißen Hirsche Rindenstreifen zum Knabbern ab. Durch Verbeißen der jungen Triebe stören sie das normale Wachstum von **Jungbäumen**. Wenn die Bäume dadurch nicht absterben, so wachsen sie nur kümmerlich und mit unregelmäßigem Wuchs weiter. Nicht nur Hirsche, sondern auch andere Wildtiere wie Gämsen fressen im Winter bei Futterknappheit Triebe und Knospen von jungen Bäumen. Wenn sich Wildtiere nach Störungen an einer geschützten Stelle im Bergwald sammeln, ist der Fraßdruck auf die Bäume besonders groß. Im Bergwald kann es verheerende Folgen haben, wenn die jungen Bäume geschädigt werden.

→129
«Bergwald und Naturgefahren»

Beobachtungstipps

- Erkundigen Sie sich an ihrem Ferienort nach einem geeigneten Gebiet, um die Hirschbrunst beobachten zu können oder schließen Sie einer Exkursion unter kundiger Leitung an.
- Suchen Sie im Bergwald nach frischen Spuren von Verbiss. Beobachten Sie die Wuchsformen von Bäumen mit älteren Verbissschäden.

Fragen

- Was frisst ein Hirsch?
- Wann ist die Hirschbrunst?
- Warum haben Störungen von Wildtieren im Winter für den Bergwald negative Folgen?

→197
Antworten

Gefiederter Arvengärtner

Fast auf jeder Wanderung im Bergwald sind die krächzenden Rufe des **Tannenhähers** *(Nucifraga caryocatactes)* zu hören. Dieser schwarz-weiß gesprenkelte Vogel gilt als «Arvengärtner», weil er mit seiner Lebensweise zur Verbreitung der Arve beiträgt. Im Herbst, wenn die Arvennüsschen reif sind, fliegen die elsterngroßen Vögel besonders emsig herum. Um das knappe Nahrungsangebot im Winter auszugleichen und um sich die aufwendige Futtersuche zu ersparen, legen sie in Felsritzen Vorratsverstecke mit Arvennüsschen an. Dabei sammelt jeder Vogel zwischen 30 000 und 100 000 Arvennüsschen. Wie bei Vorratslagern üblich, hortet auch der Tannenhäher eher zu viel als zu wenig, weshalb aus den übrig gebliebenen Arvennüsschen können später junge Arven keimen. Weil die Arvennüsschen relativ schwer sind und daher nie weit vom Mutterbaum weg fallen, ist jede junge Arve, die nicht unter dem Kronenbereich eines Altbaumes wächst, von einem Tannenhäher an ihren Standort versetzt worden. Der Tannenhäher ernährt sich übrigens nicht nur von Arvennüsschen, sondern frisst auch Insekten, Spinnen und Beeren.

→ Tannenhäher

Beobachtungstipp

› Schauen Sie sich einen vom Tannenhäher bearbeiteten Arvenzapfen an und versuchen Sie, selbst ein Arvennüsschen aus dem Zapfen herauszuklauben.

Frage

› Warum ist eine isoliert wachsende Arve höchstwahrscheinlich von einem Tannenhäher an ihren Standort gesetzt worden?

→197
Antwort

Linke Seite:
Oben: Tannenhäher *(Nucifraga caryocatactes)*
Unten: Arven *(Pinus cembra)* im Herbst.

Winter

5
6
1
3
4
2

Einleitung Winter

Eine schützende Schneedecke liegt nun über den Pflanzen und den schlafenden Tieren in ihren Höhlen. Doch nicht alles schläft: Spuren im Schnee von Mauswiesel, Fuchs oder Hase verraten die Anwesenheit winteraktiver Tiere. Steinböcke und Gämsen scharren mühsam dürres Gras unter der Schneedecke hervor. Der Wind heult um die Felsblöcke und weht Muster in den Schnee. Auf viele Hügel und Gipfel führen Ski- und Schneeschuhspuren. Die meisten Bäche sind gefroren, die Wasserfälle erstarrt. Der Schnee schluckt viele Geräusche, doch gelegentlich wird die Stille von zwitschernden Fichtenkreuzschnäbeln unterbrochen, die zur Samenreife der Fichten mitten im Winter brüten. Einige Geländekammern werden von der flachstehenden Sonne nie erreicht und liegen bis zum Frühling immer im Schatten.

Überwintern im Gebirge

Für Wildtiere ist der Winter eine lebensfeindliche Zeit, die Kälte und Nahrungsmangel bedeutet, besonders wenn zusätzlich noch Schnee liegt, was in höheren Lagen oft wochen- oder sogar monatelang der Fall ist. Wildtiere kennen verschiedene Strategien, um den Winter zu überstehen.

Energiesparen bedeutet Überleben

Um diese harte Zeit erfolgreich zu überleben, sind bestimmte Vorbereitungen und Verhaltensänderungen nötig. Wichtig ist vor allem, haushälterisch mit den Kräften umzugehen, und so wenig Energie wie möglich zu verbrauchen. Allgemein verhalten sich Wildtiere im Winter ruhiger, suchen im Wald besonders gut vor Wind und Kälte geschützte Stellen in Mulden oder Höhlen auf, zehren vom im Sommer angefressenen Winterspeck und bilden einen Winterpelz oder ein wärmeres Gefieder aus.

Gämsen

Gämsen und andere Wildtiere können im Winter nicht gleich große Nahrungsmengen aufnehmen wie im Sommer, weil sich die Verdauungsorgane dem reduzierten Energiehaushalt anpassen. Der Magen verkleinert sich und muss sich an die faserreichere Winternahrung anpassen. Eine Gämse, die häufig gestört wird, kann deshalb nicht einfach größere Futterportionen fressen, um den Energieverlust wieder auszugleichen. Die Winternahrung ist auch von schlechterer Qualität, weil sie mehr Fasern und weniger Nährstoffe enthält. Besonders anstrengend ist für Wildtiere

die Fortbewegung im tiefen Schnee. Fliehende Tiere brauchen ein Mehrfaches an Energie: Für eine Minute Flucht braucht ein Reh gleichviel Energie wie für eine Stunde Gehen. Ein solcher Energieverlust kann sich bei wiederholten Störungen tödlich auswirken. Hirsche und Rehe fressen bei Nahrungsmangel vermehrt Triebe von Jungbäumen. Dies kann im Bergwald zu großen **Schäden** und zu schlechter Verjüngung führen.

→153 «Hirsche und andere Wildtiere als Baumschädlinge»

Auf und davonziehen – in den Süden

Der Kuckuck und andere Vogelarten ziehen südwärts, in Gebiete mit milderen Temperaturen und reichhaltigerem Nahrungsangebot. Grund für den Vogelzug ist nicht eigentlich die Kälte, denn Federn sind ein gutes Isolationsmaterial. Südwärts treibt die Vögel vor allem das fehlende Futterangebot. In der kalten Jahreszeit fliegen keine Schmetterlinge, Mücken oder andere Insekten herum. Die typischen Insektenfresser unter den Vögeln können daher keine Nahrung mehr finden. Ihre Schnäbel sind zu fein gebaut, als dass sie wie **Bergdohlen, Rotkehlchen** oder Meisen im Winter auf Körnernahrung umstellen könnten. Eine Ausnahme bildet das insektenfressende Wintergoldhähnchen. Es ist klein genug, um seine tägliche Futterration finden zu können und überwintert als einer der wenigen Insektenfresser im Gebirge.

→ Rotkehlchen & Berdohle

Linke Seite: Im Sommer frisst das Rotkehlchen *(Erithacus rubecula)* bevorzugt Insekten. Da es diese im Winter kaum gibt, stellt es seine Nahrung auf Körner und Samen um.

Oben: Kreuzotter *(Vipera berus)* im Spätherbst.

Dableiben und abschalten

115← «Alpen-salamander»

Alpensalamander

Erdkröte

Amphibien und Reptilien können im Gegensatz zu den Vögeln nicht so einfach in den Süden ziehen. Zugleich reagieren sie aber besonders empfindlich auf Kälte: Als wechselwarme Tiere können Erdkröte *(Bufo bufo)*, Bergeidechse *(Zootoca vivipara)* und Kreuzotter *(Vipera berus)* nicht verhindern, dass ihre Körpertemperatur mit der Außentemperatur immer tiefer absinkt. Damit sie in ihrer Kältestarre nicht leichte Beute werden oder in kalten Nächten einfach erfrieren, suchen sie im Herbst frostgeschützte Orte auf. Alkohol-, Eiweiß- oder Zuckerverbindungen funktionieren als körpereigene Frostschutzmittel. Dank ihnen wird der Gefrierpunkt der Körperflüssigkeiten abgesenkt und verhindert, dass sie bis zum Erfrieren abkühlen.

Den Winter verschlafen

Murmeltiere nach Winterschlaf

50← «Murmeltiere»

Murmeltier *(Marmota marmota)*, Bär *(Ursus arctos)* und andere warmblütige Tiere können ihre Körpertemperatur selber steuern und machen einen Winterschlaf. Ein kompliziertes Wechselspiel zwischen abnehmender Tageslänge, hormonellen Veränderungen und dem Jahresrhythmus einer inneren Uhr leiten den **Winterschlaf** ein. Dabei verlangsamen sich Herzschlag und Atmung, und die Körpertemperatur sinkt ab. Weil sie aber nicht unter eine bestimmte Minimaltemperatur absinken darf,

Eichhörnchen halten Winterruhe: Sie schlafen viel, verlassen aber von Zeit zu Zeit ihren Ruheplatz zur Nahrungssuche.

werden die im Sommer angefressenen Fettreserven der Tiere nach und nach verbrannt und dabei in Wärme umgewandelt.

Vom Winterschlaf zu unterscheiden ist die Winterruhe. Tiere, die Winterruhe halten, ziehen sich zurück, schlafen sehr viel, werden aber auch immer wieder wach und gehen in dieser Zeit auf die Suche nach Nahrung. Um möglichst wenig Energie zu verbrauchen, verlassen sie ihre Ruhestätte immer nur für kurze Zeit. Zudem sind sie auch nicht besonders mobil, da auch ihre Lebensfunktionen stark reduziert sind. Zu den Tieren, die Winterruhe halten, gehören unter anderem der Dachs *(Meles meles)* und das **Eichhörnchen** *(Sciurus vulgaris)*.

→ Eichhörnchen

Winteraktiv

Eine wichtige Voraussetzung für Tiere, die auch im Hochwinter aktiv sind, ist ein dicker, isolierender Winteranzug. Viele Alpentiere wie Steinbock und Gämse wechseln das leichtere Sommer- gegen ein dickeres Winterfell. Dieses Fell mit seiner dichteren Unterwolle und langem Deckhaar ist mit Thermounterwäsche und einer wetterfesten Jacke darüber vergleichbar. Es ist außerdem dunkler und kann sich bei Sonneneinstrahlung schneller und stärker erwärmen als das hellere Sommerfell.

Weniger Wärmestrahlung, dafür mehr Tarneffekt erreichen **Alpenschneehuhn** und Schneehase mit einem Farbwechsel ihres Gefieders oder Pelzes. Das dunklere

→ Alpenschneehuhn

Der Schneehase ist im Winter perfekt getarnt.

90← «In dunklen Kleidern ist es heißer»

Sommerkleid wird mit einem weißen Winteranzug vertauscht. So sind diese Tiere im weißen Schnee besser getarnt und für ihre Feinde weniger auffällig. Die weiße Farbe der Haare oder Federn entsteht durch den Einschluss von Luft. Luft ist ein schlechter Leiter und isoliert deshalb gut. Der Fell-/Gefiederwechsel und die Änderung der Fell-/Gefiederfarbe werden von verschiedenen Faktoren beeinflusst, unter anderem von der abnehmenden Tageslänge und von tieferen Temperaturen. Keinen Einfluss hat jedoch der Schneefall. Folgt ein schneearmer Winter, haben die weiß gefärbten Tiere also ein Problem: Sie wären zwar gut vorbereitet auf die Kälte, heben sich aber auf dem dunklen Untergrund stärker ab und sind schon von weitem für Feinde sichtbar. Da sie den Wechsel der Fellfarbe nicht steuern können, ist eine kurzfristige Änderung und Anpassung unmöglich.

Um es in der Kälte besser auszuhalten, vermeiden die Tiere alle unnötigen Anstrengungen. Auf dem Bild: Rehe *(Capreolus capreolus)* bei der Futtersuche.

Kleiner Aufwand, große Wirkung

Im Winter ist das Leben für Wildtiere ohnehin schon hart, ob nun Schnee liegt oder nicht. Gämse, Schneehuhn oder Reh brauchen ihre Ruhe und Rückzugsmöglichkeiten. Sie sollten daher nicht noch unnötig von uns gestört werden und beim Fliehen kostbare Energie verbrennen. Mit wenig Aufwand können auch Sie dazu beitragen, die Überlebenschancen der Wildtiere zu erhöhen:

- Respektieren Sie beim Pistenskifahren und auf Ski- und Schneeschuhtouren die Wildruhezonen.
- Folgen Sie beim Aufstieg den Spuren von Vorgängern und legen Sie nicht selber neue an.
- Halten Sie sich nur kurz im Waldgrenzbereich auf und folgen Sie im Wald den offiziellen Winterrouten und Wegen.
- Führen Sie Hunde im Wald an der Leine.
- Planen Sie Ihre Touren so, dass Sie nicht zur Morgen- oder Abenddämmerung unterwegs sind, wenn viele Wildtiere auf Nahrungssuche sind.
- Verzichten Sie auf Rufen und Schreien und vermeiden Sie so für Wildtiere beunruhigenden Lärm.

Beobachtungstipps

- Ziehen Sie an einem sonnigen Wintertag abwechslungsweise ein helles und ein dunkles T-Shirt an. So werden Sie selber fühlen, wie unterschiedlich diese von der Sonne aufgewärmt werden.
- Beobachten Sie aus sicherer Entfernung Steinböcke oder Gämsen. Sie sind am ehesten an sonnigen, vom Wind abgeblasenen Hängen über der Waldgrenze zu entdecken.
- Versuchen Sie herauszufinden, von welchen Tieren Sie im Schnee Spuren finden. Folgen Sie jedoch nie einer Spur: Sie könnten das Tier aufstöbern, und es zu einer energieraubenden Flucht zwingen.

Fragen

- Warum stellen im Winter nicht alle Vögel von Insekten- auf Körnernahrung um, und ersparen sich so den gefährlichen Flug in den Süden?
- Wie unterscheidet sich das Futter dieser Vögel im Winter von ihrer Sommernahrung?
- Warum fressen sich wechselwarme Amphibien oder Reptilien zum Überwintern keine Fettreserven an?
- Warum ist das Fell vieler Tiere im Winter dunkler als im Sommer?
- Welchen Vorteil hat ein weißes Winterkleid?

→198
Antworten

Eisbirnen, Untersonnen und Eiskristalle

Blickt man an sonnigen, kalten Wintertagen von erhöhten Standorten aus abwärts ins Tal hinunter, so entdeckt man unter bestimmten Bedingungen eine aufrecht in der Luft schwebende Lichtsäule. Wenn man dieses Phänomen sieht, trägt man wahrscheinlich Handschuhe und ist auch sonst warm angezogen, denn diese schwebende Lichtsäule, «Untersonne» genannt, entsteht nur bei Temperaturen zwischen –5 °C und –8 °C. Wenn in der Luft Feuchtigkeit enthalten ist, bilden sich bei diesen Minustemperaturen kleine, flache Eisplättchen, die waagrecht in der Luft schweben. An ihrer Oberfläche spiegelt sich die Sonne wie über einem See, nur dass diese Spiegelung säulenartig in der Luft schwebt. Solche Untersonnen sind nur von oben sichtbar. Steht man unterhalb, ahnt man nichts davon.

Von Wellen gestaltete Kunst – Eisbirnen

Um Eisbirnen zu finden, braucht es weniger Kälteresistenz, entstehen diese doch schon ab 0 °C. Tief zum Wasser hinunterhängende Zweige an **Bächen** oder Flüssen werden immer wieder von Wellen bespritzt. Auf diese Weise bilden sich an ihnen erste Eiszapfen, die mit der Zeit bis ins Wasser reichen. Dabei werden sie regelmäßig von den Wellen umspült und mit einer Wasserhaut überzogen. Bei tiefen Temperaturen unter 0° C gefriert eine Schicht nach der anderen an – wie Wachs an einer Kerze beim Kerzenziehen. Die Verdickung des Zapfens zeigt die durchschnittliche Höhe der meisten Wellenberge an. Eisbirnen können bei günstigen Bedingungen innert kurzer Zeit beachtliche Größen erreichen.

→ II Gletscherbach

Eisiger Atem der Erde

In schneearmen Wintern findet man auf Winterwanderungen gelegentlich kammförmiges Eis an der Erdoberfläche. Normalerweise ist der Boden unter einer schützenden Pflanzendecke nur wenige Zentimeter tief gefroren, und selbst in sehr kalten Wintern dringt der Frost höchstens einen Meter tief. Bei längeren Frostperioden steigt aus der warmen Tiefe Wasserdampf in die kälteren Bodenschichten auf, wo er gefriert und sich in Form von Eis in den Bodenporen ausdehnt. Jeder Liebhaber von eisgekühlten Drinks weiß, dass ein randvoll gefülltes Glas, in dem zusätzlich noch mehrere Eiswürfel schwimmen, nicht überlaufen wird, wenn die Eiswürfel auftauen, denn Eis braucht mehr Platz als die gleiche Menge Wasser. Beim Drink kann das Platz beanspruchende Eis obenauf schwimmen. Wenn das Wasser jedoch in der obersten Erdschicht gefriert und sich dabei ausdehnt, quillt dieses Eis aus der Erde heraus. Meist hebt es den darüber liegenden Erdboden samt allfällig darauf wachsenden Pflanzen gleich mit in die Höhe. Obwohl es sich dabei nur um wenige Zentimeter handelt, reicht dies aus, um kleineren Pflanzen die Wurzeln zu zerreißen und

Linke Seite: Untersonne

Oben: Einsbirne

sie zu schädigen oder sogar zum Absterben zu bringen. Wie menschliches Haar wächst Kammeis (auch «Stängeleis» genannt) von seiner Basis her und nicht an seinem Ende. Besonders deutlich ist Kammeis auf vegetationsarmen Böden oder Wegböschungen zu sehen.

Ohne Keime keine Eiskristalle

Der Anfang eines jeden Eiskristalls ist ein Gefrierkeim. Dieser kann beispielsweise ein kleiner Staub- und Schmutzpartikel sein, an dem sich feinste Wassertröpfchen anlagern und eine Kristallstruktur bilden. Auf dem Weg zur Erde fliegt ein Schneekristall durch verschiedene Luftschichten mit unterschiedlicher Temperatur und Luftfeuchtigkeit. Je nach Bedingungen ist ein Eiskristall auf seinem Flug unterschiedlichsten Wachstums- und Abschmelzvorgängen ausgesetzt. Weil es dabei unzählige Variationsmöglichkeiten gibt, entsteht kein Eiskristall unter den genau gleichen Bedingungen wie ein anderer. Jeder einzelne ist sozusagen ein Unikat, das es nur in einer einzigen Ausführung gibt. Einmal am Boden gelandet, braucht das Wachstum eines Eiskristalls noch nicht zu Ende zu sein. Bei hoher allgemeiner Luftfeuchtigkeit oder in der Nähe von sprudelnden Bächen, wo die Luftfeuchtigkeit ebenfalls hoch ist, können Eiskristalle noch weiterwachsen und als blattförmiger Reif Durchmesser von bis zu 10 cm erreichen.

Eiszapfen

In verschneiten Bergdörfern oder entlang von Felsen bilden sich häufig Eiszapfen. Die schönsten und längsten Eiszapfen entstehen, wenn es abwechselnd taut und gefriert. Wenn Schnee auf einem Zweig oder auf einem Dach schmilzt, rinnt ein

Oben: Reif am Boden.

Rechte Seite: Eiszapfen

Wassertropfen herunter. Wenn er vor dem Abtropfen wieder anfriert, beginnt der Eiszapfen zu wachsen. Nachfolgende Schmelzwassertropfen können bis zur tiefsten Stelle hinunter rinnen und den Eiszapfen verlängern oder sie frieren auf dem Weg dorthin an und verdicken ihn. Die schönsten und längsten Eiszapfen entstehen deshalb nicht, wenn es besonders kalt ist, sondern wenn es abwechselnd taut und gefriert oder wenn die Spätwintersonne wieder genügend stark zu strahlen beginnt und den Schnee zu schmelzen vermag.

Beobachtungstipps

- Beobachten Sie, wie sich Eiszapfen im Verlauf eines Tages verändern.
- Halten Sie bei Winterwanderungen an Bächen nach Eisbirnen Ausschau.

Fragen

- Warum sind Untersonnen nur im Winter zu sehen?
- Warum wachsen Eisbirnen nicht hoch oben im Geäst der Bäume?
- Welche Art von Eis wächst von unten nach oben und nicht wie ein Eiszapfen von oben nach unten?
- Wo findet man am ehesten Kammeis?
- Wie verläuft der Winter, wenn es keine oder nur kurze Eiszapfen gibt?

→198
Antworten

Brunst im Hochwinter

← Steinbock

Krachend schlagen die zwei 100 Kilo schweren **Steinböcke** ihre Hörner aufeinander. Kilometerweit zu vernehmen, tönt das Geräusch jedoch schlimmer als es ist: nur selten verletzen sich die muskulösen Tiere bei ihren Kämpfen. Mit Kämpfen festigen jüngere Steinböcke während des Sommers die Rangordnung in ihren bis zu 50-köpfigen Rudeln. Böcke leben fast das ganze Jahr hindurch getrennt von den Weibchen und Jungtieren, außer in der Brunstzeit von November bis Anfang Januar. Aus den ungestümen Kämpfern vom Sommer sind vorsichtige Verehrer geworden, die mit herausgestreckter Zunge um die Gunst der Weibchen buhlen und dabei kaum Zeit zum Fressen haben.

Von Ende Mai bis Ende Juni werden ein bis zwei Kitze geboren. Sie bleiben bei der Mutter bis zur Geburt der nächsten Jungen. Unter günstigen Umständen können Steinböcke zwanzig Jahre alt werden.

Diebstahl mit glücklichen Folgen

Der Steinbock wurde in der Schweiz und in fast allen übrigen Alpenländern ausgerottet, unter anderem weil er als wandelnde Apotheke galt und viele seiner Körperteile sehr begehrt waren. Seine Hörner galten zudem als beliebte Jagdtrophäen. Zur Wiederansiedlung in der Schweiz wurden vor mehr als Hundert Jahren zwei junge Steinböcke aus dem Besitz des italienischen Königs Vittorio Emanuele gestohlen.

Steinbock *(Capra ibex)*

Dank Schutzmaßnahmen leben in der Zwischenzeit wieder etwa 14 000 Steinböcke in der Schweiz und über 30 000 Tiere im gesamten Alpenbogen.

Steinböcke leben fast das ganze Jahr oberhalb der Baumgrenze in Matten- und Felsregionen bis auf etwa 3200 Meter. Sogar im Winter steigen sie nicht tiefer, sondern halten sich vermehrt an süd- bis südwestexponierten Hängen auf, wo die Schneedecke dünner ist. Manchmal suchen sich auch vom Wind abgeblasene Grate und Steilhänge auf, wo sie auch im Hochwinter Gräser und Kräuter finden.

Steinböcke haben ein feines Gespür für Schnee

Bei Tageslicht im Winter sind Steinböcke fast ununterbrochen auf der Suche nach Futter. Dabei bewegen sie sich fast ständig und sind nur in der Dunkelheit ruhig. Wissenschafter vom Eidgenössischen Institut für Schnee- und Lawinenforschung (SLF) untersuchen in einem Projekt den Einfluss der Schneeverhältnisse auf die Aktivität und Mobilität von Wildtieren. Hat der Steinbock ein besonderes Gespür für Schnee und Lawinengefahr? Jedes Jahr sterben zwar Hunderte von Steinböcken in Lawinen, doch bezogen auf ihren Gesamtbestand ist dies nur einer von hundert. Erstaunlich, wenn man bedenkt, dass sich Steinböcke vor allem in Steilhängen aufhalten. Erste Ergebnisse mit besenderten Steinböcken zeigen, dass sich Steinböcke nach wenigen Dezimetern Neuschnee in den ersten Tagen kaum von der Stelle bewegen und oft sogar auf die Futtersuche verzichten. Je mehr Zeit nach dem Schneefall vergeht, desto länger werden auch die Strecken, die sie pro Tag zurücklegen. Eigentlich sehr vernünftig, nimmt doch die Tragfähigkeit des Schnees nach einer Weile zu und die Lawinengefahr ab.

Steinbock im Schnee.

Die Hörner des Steinbocks

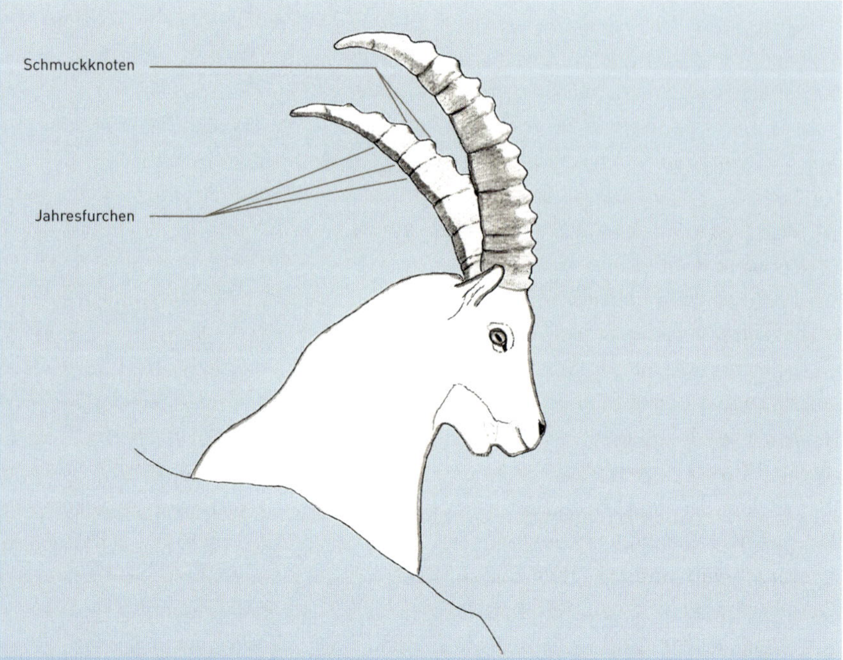

Die Hörner der Steinböcke werden beim Bock bis zu einem Meter lang und 15 kg schwer. Bei der zierlicheren Geiß werden sie etwa 30 cm lang. Die Hörner wachsen lebenslang, allerdings verlangsamt sich ihr Wachstum bei über zehnjährigen Tieren. Zwischen Dezember und März, wenn die Hörner nicht wachsen, entsteht eine deutliche Jahresfurche am Horn. Zusammen mit den Schmuckknoten ermöglichen die Jahresfurchen eine ungefähre Altersbestimmung eines Steinbocks. Als Schmuckknoten werden die Wülste am Horn bezeichnet, von denen etwa zwei pro Jahr gebildet werden.

Fragen

- Wann finden die Rangkämpfe der Steinböcke statt?
- Wann sind Steinböcke keine Einzelgänger?
- Wie schwer sind die Hörner des Steinbocks im Verhältnis zu seinem Gesamtgewicht in Prozentzahlen?

198–199← Antworten

Hornwachstum beim Steinbock.

Wie Pflanzen überwintern

Wie die Tiere haben auch Pflanzen verschiedene Strategien, den Winter zu überstehen. Je nach Lage ihrer überdauernden Pflanzenteile zur Erdoberfläche werden Pflanzen verschiedenen Lebensformen oder Gestalttypen zugeordnet.
Pflanzen sind im Jahresverlauf nicht immer gleich frosthart. Eine Fichte kann im Sommer schon bei Temperaturen von –7 °C geschädigt werden, erträgt aber im Winter problemlos bis zu –40 °C. Im Herbst werden die Pflanzen durch tiefere Temperaturen abgehärtet und bereiten sich mit einer Erhöhung des Zuckergehalts im Zellsaft, der wie ein pflanzeneigenes Frostschutzmittel wirkt, auf den Winter vor. Sie wachsen kaum noch und sind in einem Ruhezustand. Bei Bäumen kann man aufgrund der Jahrringe Sommer (hell) und Winter (dunkel) im Holz unterscheiden. Wenn die Temperaturen im Frühling wieder steigen, verringern sich Zuckergehalt und Frosthärte und die Pflanzen beginnen wieder zu wachsen. Unter dem Schnee sind die Temperaturen wärmer als in der Luft. Pflanzen, die im Winter normalerweise unter einer schützenden Schneedecke liegen, sind deshalb weniger frosthart als Bäume. Temperaturschwankungen und Verdunstung sind im Winter für Pflanzen, die in die Luft ragen, am größten, an der Bodenoberfläche durch Laubstreu oder eine Schneedecke etwas abgemildert und am kleinsten im Boden. Im Folgenden werden die verschiedenen Typen in der Reihenfolge ihrer Häufigkeit in den Gebirgen Mitteleuropas vorgestellt.

Hemikryptophyten (Erdschürfpflanzen)

Die Hemikryptophyten machen ca. 60 % der Pflanzen in mitteleuropäischen Gebirgen aus. Ihre Erneuerungsknospen liegen unmittelbar an der Erdoberfläche oder unmittelbar darunter, sodass sie von Streu, Laub und Schnee gegen übermäßige Kälte geschützt sind. Ihre oberirdischen Teile sterben im Winter vollständig ab (bei Pflanzen ohne Rosetten) oder bleiben nur zum Teil erhalten. Zu den Hemikryptophyten gehören Gänseblümchen *(Bellis perennis)*, Löwenzahn *(Taraxacum officinale)*, Anemonen- und Enzian-Arten.

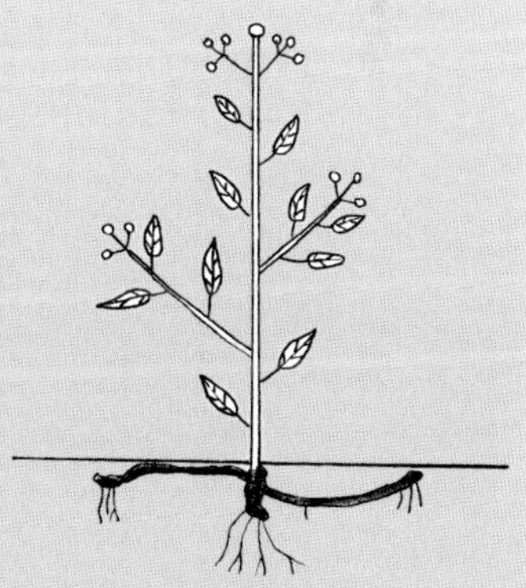

Hemikryptophyten
(Dunkel ausgefüllte Teile überwintern)

Chamaephyten (Zwergpflanzen)

Die Erneuerungsknospen der Chamaephyten sind so nahe am Boden, dass sie bei normalen Schneeverhältnissen schneebedeckt sind. In kalten, schneearmen Wintern erfrieren sie, weil sie nicht so frosthart sind wie die Bäume. Sie bilden wie diese auch Jahrringe aus, die man bei den meisten Arten allerdings fast nur mit der Lupe oder unter dem Mikroskop zählen kann. Zu den Chamaephyten gehören die Silberwurz *(Dryas octopetala)*, die Heidelbeere *(Vaccinium myrtillus)*, die Immergrüne Bärentraube *(Arctostaphylos uva-ursi)* und die **Alpenrosen**-Arten.

Alpenrosen

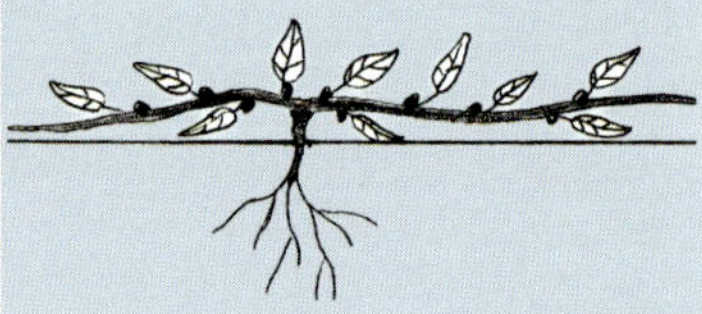

Chamaephyten
(Dunkel ausgefüllte Teile überwintern)

Oben: Der oberirdische Teil des Gelben Enzians *(Gentiana lutea)* stirbt im Winter ab.

Geophyten (Bodenpflanzen)

Die Erneuerungsknospen der Geophyten sind unterirdisch angelegt; oft als Knollen oder Zwiebeln. In ihren unterirdischen Organen speichern sie Reservestoffe. Viele Frühlingspflanzen in Wäldern sind Geophyten. Dank ihren gespeicherten Reserven können sie im Frühling noch vor dem eigenen Blattaustrieb und dem der Bäume blühen und das Licht, das noch den Waldboden erreicht, nutzen. Im schattigen Sommerwald sind das Blühen und die Samenbildung schon abgeschlossen. Bodenpflanzen können auch längere Trockenperioden gut überstehen und sind deshalb auch in trockenen Gebieten verbreitet. Zu den Geophyten gehören die **Herbstzeitlose** *(Colchicum autumnale)*, die Späte Faltenlilie *(Lloydia serotina)*, Krokus- und Knabenkraut-Arten.

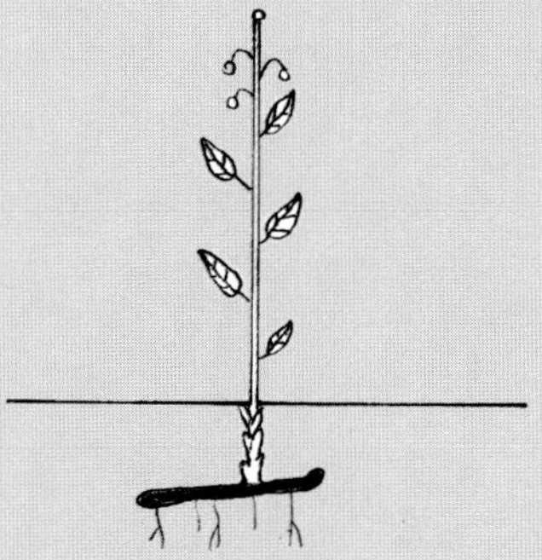

Geophyten
(Dunkel ausgefüllte Teile überwintern)

→ Herbstzeitlose

Einjährige Pflanzen (Therophyten)

Diese Pflanzen sterben während des Winters vollständig ab und überdauern nur als Samen. Sie müssen ihre Entwicklung daher jedes Jahr von Neuem beginnen. Da im Gebirge die Zeitspanne für diese Entwicklung verhältnismäßig kurz ist, sind Therophyten relativ selten. Zu ihnen gehören Zwerg-Augentrost *(Euphrasia minima)*, Schnee-Enzian *(Gentiana nivalis)* und Dunkler Mauerpfeffer *(Sedum atratum)*.

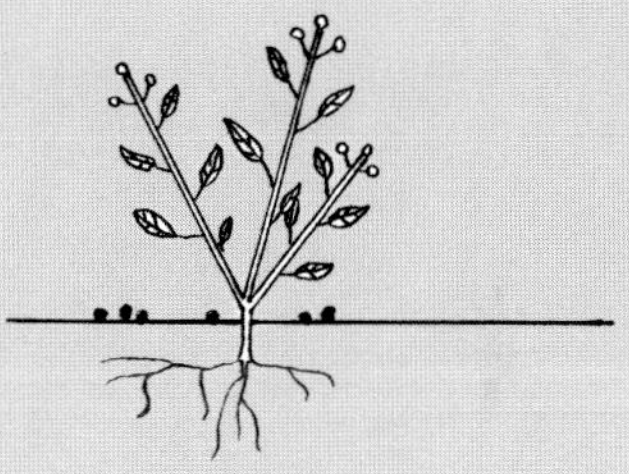

Therophyten
(Dunkel ausgefüllte Teile überwintern)

Phanerophyten (Luftpflanzen)

Zu den Phanerophyten gehören die Bäume und Sträucher, deren Erneuerungsknospen mehr oder weniger hoch über dem Boden an Trieben sitzen und ohne Schneeschutz Frost und Kälte ausgesetzt sind. Typische Phanerophyten des Gebirges sind Lärche *(Larix decidua)*, Arve *(Pinus cembra)*, Fichte *(Picea abies)* und die Rotbuche *(Fagus sylvatica)*.

Wasserpflanzen (Hydrophyten)

Die Erneuerungsknospen der Hydrophyten überwintern im Wasser. Auch sie sind im Gebirge selten. In wenig tiefen Bergseen, die im Winter bis auf den Grund gefrieren, können keine Wasserpflanzen gedeihen.

Oben: Zwerg-Augentrost *(Euphrasia minima)*

Rechte Seite: Alpenschneehuhn *(Lagopus muta)* im Übergangsgefieder.

Wenn das Herz vor Schreck fast stehen bleibt

Oberhalb der **Baumgrenze** entdecken Wintersportler manchmal Alpenschneehühner *(Lagopus muta)*, die auf Kuppen und schneefrei geblasenen Graten nach Futter suchen. Scheinbar unberührt von den Menschen auf Ski oder Schneeschuhen bleiben sie an Ort und Stelle. Im Gegensatz zu anderen Wildtieren fliehen sie nicht sofort, weil sie auf ihr weißes Tarnkleid vertrauen und hoffen, nicht gesehen zu werden. Dabei bleibt ihnen jedoch vor Angst fast das Herz stehen: Bei Gefahr schlägt es statt mit ungefähr 200 Schlägen in der Minute nur noch etwa mit 75. Am besten geht man gleich weiter, damit sie bald wieder ihre Ruhe haben. **Alpenschneehühner** übernachten in selbst gescharrten Schneehöhlen. Diese befinden sich meist nordseitig in schattigen Lagen, weil dort der Schnee länger pulvrig und locker bleibt. Im Winter verbringen sie den größten Teil des Tages in ihren Höhlen und verlassen diese nur ab und zu zur Futtersuche. Auch bei tiefen Minustemperaturen herrschen in solchen Schneehöhlen vergleichsweise behagliche 0 °C. Rauhfußhühner spüren bis zu 300 m entfernte Erschütterungen über die Schneedecke. Diese feine Wahrnehmungsfähigkeit ist im

→30 «Wald- und Baumgrenze»

→ Alpenschneehuhn

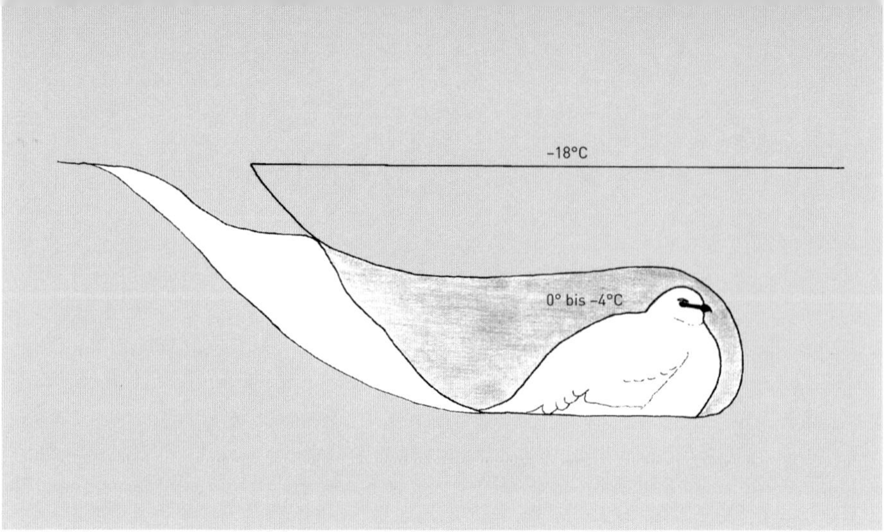

Fall von Lawinen oder Füchsen lebensrettend. Doch bei Wintersportlern wird sie zum Nachteil. Denn die Hühner verlassen bei bedrohlichen Erschütterungen fluchtartig ihre Höhlen und graben sich erst am Abend wieder ein. Dabei sind sie stundenlang ungeschützt Kälte und Wetter ausgesetzt und verlieren viel Energie. Anders als Steinbock und andere winteraktive Wildtiere, können Alpenschneehühner keine Fettreserven anlegen und müssen ihren Energiebedarf jeden Tag neu decken. Oft sind zu den Zeiten, während denen sie am Fressen sind, auch Wintersportler unterwegs. Am Morgen müssen Alpenschneehühner die Energieverluste der Nacht ausgleichen und Reserven für den Tag anfressen. Am späteren Nachmittag und in der Dämmerung fressen sie nochmals, um die lange, kalte Winternacht zu überstehen. Dabei ist es wichtig, dass Schlafplatz und Nahrung nahe beieinander liegen, damit wenig Energie für die Wege dazwischen nötig ist. In Gebieten mit häufigen Störungen durch Wintersportler überleben Rauhfußhühner unter Umständen den Winter nicht. Wenn sie in ruhigere Gebiete mit weniger Störungen ausweichen, sind die Bedingungen oft weniger gut bezüglich Nahrungsangebot und Wetterschutz.

Alpenschneehühner leben das ganze Jahr hindurch oberhalb der Baumgrenze. Ihre bevorzugten Lebensräume sind **Zwergstrauchheiden** und reich strukturierte, geröllreiche Hänge, die Nahrung, Deckung vor Feinden, Windschutz und Aussichtswarten bieten. Alpenschneehühner wechseln ihr Gefieder zwei Mal im Jahr. Im Winter sind auch ihre Läufe gefiedert, sodass sie – ähnlich wie Schneeschuhläufer – kaum im Schnee einsinken. Zudem haben sie bis zur Frühjahrsmauser an jeder Zehe nach unten abstehende Hornplättchen, mit denen sie im Schnee besseren Stand haben. Diese Hornplättchen sind nicht nur für das Alpenschneehuhn typisch, sondern auch

116← «Zwergstrauchheiden»

Oben: Höhle des Alpenschneehuhns.

Rechte Seite: Auch das Birkhuhn *(Lyrurus tetrix)* gehört zu den Raufußhühnern.

für das Hasel-, Birk- und Auerhuhn. Sie werden daher auch zusammenfassend «Raufußhühner» genannt. Weibchen und Männchen der Alpenschneehühner sehen sehr ähnlich aus. Doch nur das Männchen hat einen schwarzen Zügelstreifen zwischen Schnabel und Auge.

Alpenschneehühner fressen je nach Jahreszeit Beeren von Zwergsträuchern, Knospen, Blätter, Samen, **Flechten**, Insekten und Spinnen. Schon ab 15 °C wird es ihnen zu heiß; sie ziehen sich dann in schattige Lagen zurück. Ihre knarrenden Laute tönen ein wenig, wie wenn ein altes Tor geöffnet wird. Bei der Balz verteidigen Schneehähne individuelle Territorien gegen Konkurrenten und führen für die Hennen eindrückliche Schauflüge vor. Die Jungen können schon nach zwei Wochen fliegen und folgen während des Sommers der Mutter. Die Küken sind gut an die extremen klimatischen Verhältnisse in ihrem Lebensraum angepasst, aber reagieren sehr empfindlich auf Niederschläge. Die Klimaerwärmung mit zunehmend regnerischen Frühlingen sind daher eine Bedrohung für diese Art.

→80 «Flechten»

Beobachtungstipps

- Versuchen Sie, im Schnee die Spuren von Alpenschneehühnern oder einem anderen Raufußhuhn zu finden. Achten Sie dabei auf die kleinen, stiftförmigen Vertiefungen von den Hornplättchen an den Zehen.
- Lauschen Sie im Frühling, ob Sie die knarrenden Rufe der Alpenschneehühner hören.

Fragen

- Warum fliehen Alpenschneehühner bei Störungen nicht sofort?
- Wo graben Alpenschneehühner bevorzugt ihre Höhlen?
- Welche zwei Besonderheiten helfen Alpenschneehühnern beim Gehen auf Schnee?
- Warum sind Störungen für Alpenschneehühner ungesund und manchmal sogar tödlich?

199← Antworten

Kurzinformation Winter

Rote Männchen, grünliche Weibchen

Die **Fichtenkreuzschnäbel** *(Loxia curvirostra)* fallen vor allem im Winter auf, wenn sie in lauten Trupps auf Futtersuche sind. Entlang von Winterwanderwegen im Gebirge kann man die grünlichen Weibchen und die roten Männchen papageienartig in den Fichtenwipfeln herumturnen sehen. Mit ihren gekreuzten Schnäbeln öffnen sie die Schuppen der Fichtenzapfen und klauben die Samen heraus. Von ihnen bearbeitete Zapfen erkennt man leicht an den der Länge nach gespaltenen einzelnen Schuppen.

→ → Fichtenkreuzschnabel

Anders als die meisten anderen Vogelarten, die erst ab April in Brutstimmung kommen, brütet der **Fichtenkreuzschnabel** je nach Region bereits im Februar. Kälte, Nässe oder Schnee scheinen ihm nichts auszumachen, Hauptsache die Fichtensamen sind reif.

→40 «Vögel im Gebirge»

Beobachtungstipps

- Suchen Sie am Boden nach Tannzapfen, die von Fichtenkreuzschnäbeln bearbeitet worden sind.
- Beobachten Sie Fichtenkreuzschnäbel beim Herumturnen und Fressen.

Fragen

- Welche Farbe haben die Fichtenkreuzschnabel-Weibchen?
- Warum brüten Fichtenkreuzschnäbel mitten im Winter?

→199 Antworten

Möchten Sie etwas für die Alpen tun?

- Reisen Sie nach Möglichkeit mit dem öffentlichen Verkehr in die Berge. Zumindest in der Schweiz ist das Zugs- und Busnetz gut ausgebaut. Dazu gibt es Alpentaxis, die Sie auch an Orte bringen, die nicht mehr jedes Auto schafft.
- Verhalten Sie sich allgemein klimafreundlich und gehen Sie sparsam mit den Energien um. Auf diese Weise schützen Sie nicht nur das Klima, sondern auch die Gletscher in den Alpen.
- Kaufen Sie Ihre Lebensmittel im Bergdorf ein, wo Sie in den Ferien sind, statt sie vom Supermarkt an Ihrem Wohnort mitzubringen.
- Unterstützen Sie die Bergbauern, indem Sie lokale Produkte kaufen.

Linke Seite: Fichtenkreuzschnabel *(Loxia curvirostra)*; das Männchen ist meist rot gefärbt, das Weibchen grün.

Anhang

Fragen und Antworten

Einleitung

Die Vegetationszeit nimmt mit zunehmender Höhenlage ab. Wie viel länger dauert sie auf 1000 m ü. M. im Vergleich zu 2500 m ü. M.?
Sie dauert auf 1000 m ü. M. ein halbes Jahr länger als auf 2500 m ü. M.

Welches Wetter herrscht über der Waldgrenze bei einer Inversionslage?
Es ist sonnig und wärmer als unter der Nebeldecke.

Auf welcher Seite des Tales steigt die Waldgrenze im Allgemeinen höher; auf der Sonnen- oder auf der Schattenseite?
Auf der Sonnenseite. Grund: Dank der stärkeren Einstrahlung der Sonne schmilzt im Frühling der Schnee auf der Sonnenseite früher als auf der Schattenseite; entsprechend haben die Bäume auf der Sonnenseite eine längere Vegetationszeit als jene auf der Schattenseite.

Ab welcher Höhenstufe gibt es keinen kommerziellen Weinbau mehr?
Ab der montanen Stufe.

Welche Höhenstufe folgt oberhalb der Waldgrenze?
Die alpine Stufe.

Weshalb gibt es überhaupt verschiedene Höhenstufen?
Weil die durchschnittliche Temperatur in unterschiedlichen Höhenlagen verschieden ist und entsprechend verschiedene lokale Klimabedingungen und daher unterschiedliche Vegetationszeiten entstehen.

Warum sind die Höhenstufen variabel?
Weil je nach Breitengrad, regionalem Klima und Exposition die Dauer der Vegetationszeiten auf einer bestimmten Höhe nicht immer genau gleich ist (länger wärmer, mehr Sonnenschein).

Was ist der Unterschied zwischen der Wald- und der Baumgrenze?
Die Waldgrenze ist die Linie am oberen Rand eines geschlossenen Waldes, während die Baumgrenze die Linie zwischen den höchstgelegenen Bäumen markiert.

Welche Temperaturen beeinflussen die Wald- und Baumgrenze stärker; die Sommer- oder die Wintertemperaturen?
Die Sommertemperaturen während der Vegetationszeit der Bäume.

Wie entstehen Frosttrocknisschäden?
Frosttrocknisschäden entstehen an sonnigen Winter- und Frühlingstagen, wenn die Nadeln der Bäume erwärmt werden und dabei Wasser verdunsten, der Boden aber noch gefroren ist und das verdunstete Wasser daher nicht über die Wurzeln wieder aufgenommen werden kann.

Welche Eigenschaften haben Steppen- und Alpenpflanzen gemeinsam?
Sie sind an starke Sonnenstrahlung, heftige Winde und große Temperaturschwankungen angepasst.

Wann wuchsen Palmen im Alpenraum?
Sie wuchsen im Tertiär.

Was sind Nunatakker?
Gipfel, die während den Eiszeiten eisfrei blieben.

Wann ist eine Pflanze ein Glazialrelikt?
Wenn sie in einem Gebiet schon während den Eiszeiten vorkam und da auf eisfreien Stellen (Nunatakkern) die Eiszeit überdauerte.

Welche Alpenpflanze mit gelben Blüten stammt aus Nordamerika?
Arnika *(Arnica montana)*.

Woher stammt das Edelweiß?
Aus asiatischen Steppengebieten.

Frühling

Alpendohle und Alpenkrähe kommen sowohl in den Alpen als auch an Meeresküsten vor. Was ist der Grund dafür?
Der Grund dafür ist, dass Alpendohle und Alpenkrähe Felsen zum Leben brauchen. Diese gibt es sowohl in den Alpen als auch an den Meeresküsten.

Welche Vorteile haben Vögel im Hochgebirge gegenüber Säugetieren in Bezug auf ihren Körperbau?
Vögel haben im Allgemeinen leistungsfähigere Lungen als Säugetiere. Auch ihr Federkleid, welches ein ausgezeichneter Kälteschutz ist, kann als Vorteil betrachtet werden.

Welcher Alpenvogel ernährt sich fast nur vegetarisch?
Das Steinhuhn *(Alectoris graeca)*.

Welche Vorteile bringt der Zwergwuchs den Pflanzen im Gebirge?
Mit ihrem niedrigen Wuchs können sie die Bodenwärme stärker ausnützen und sind besser vor Wind geschützt. Sie verdunsten weniger Wasser, erhalten rascher Wassernachschub aus dem Boden und sind im Winter unter einer Schneedecke vor der Kälte geschützt.

Warum können nicht alle Pflanzenarten Zwergwuchsformen bilden?
Weil nicht alle die dazu notwendigen genetischen Voraussetzungen mitbringen.

In welchen Höhen leben die Murmeltiere?
Murmeltiere leben in Höhen zwischen 1000–3000 m ü. M.

Wie lange dauert ihre Sommersaison ungefähr?
Je nach Gebiet von April bis September.

Warum ertragen Murmeltiere die Hitze schlecht?
Der Murmeltierpelz ist auch im Sommer warm. Zudem können Murmeltiere nicht schwitzen, weil ihnen dazu die Schweißdrüsen fehlen; auch sind Murmeltiere nicht in der Lage zu hecheln.

Warum sind hohe Sommertemperaturen für die Überwinterung ein Nachteil?
Wenn es während der Sommertage für Murmeltiere draußen zu heiß wird, bleiben sie länger in ihrem Bau. Entsprechend bleibt ihnen weniger Zeit zum Fressen. Die Folge davon ist, dass sie im Herbst zu geringe Fettreserven angesetzt haben, um den Winter sicher überleben zu können.

Warum sind vor allem Jungtiere gefährdet, den Winterschlaf nicht zu überleben?
Sie können weniger Fettreserven ansetzen als die ausgewachsenen Tiere. Außerdem ist ihre Körperoberfläche im Verhältnis zum Körpervolumen größer; sie strahlen daher mehr Wärme ab als die ausgewachsenen Tiere.

Was fressen Murmeltiere am liebsten?
Alpen-Klee *(Trifolium alpinum)* und Alpen-Mutterwurz *(Ligusticum mutellina)*.

Was haben junge Murmeltiere und junge Katzen gemeinsam?
Sie kommen beide blind zur Welt.

Wozu dient dem Murmeltier die Wangendrüse?
Die je ranghöchsten Weibchen und Männchen markieren mit dem in der Wangendrüse produzierten Sekret ihr Territorium.

Warum ist der Ruf der Murmeltiere ein Schrei und kein Pfiff?
Weil er im Kehlkopf erzeugt wird.

Wie oft ruft ein Murmeltier, um vor einem Adler zu warnen?
Immer nur einmal.

Wie unterscheiden sich die Vorder- und Hinterfüße des Murmeltiers?
An der Anzahl Zehen: An den Vorderfüßen haben sie vier Zehen, an den Hinterfüßen fünf.

Was haben alle alpinen Fließgewässer gemeinsam?
- Sie sind extremen klimatischen Bedingungen ausgesetzt.
- Die Wachstumssaison für Wasserlebewesen ist sehr kurz.
- Die Nährstoffkonzentrationen im Wasser und der Gehalt an organischen Stoffen sind tief.

Was ist Gletschermilch?
Gletschermilch ist Gletscherschmelzwasser, welches vom Gletscher abgeschliffenes Gesteinsmehl enthält.

Wie passen sich Wasserlebewesen an die Fließkraft des Wassers an?
Sie nutzen verschiedene Strategien. Viele leben am Grund der Bäche, wo Steine oder selbstgebaute Köcher vor der Strömung schützen. Viele Wasserlebewesen haben auch günstige Körpereigenschaften, beispielsweise eine abgeplattete Form, kräftige Krallen oder Saugnäpfe am Bauch. Algenarten bilden gelatineartige Krusten aus, die dem Wasser nur wenig Widerstand bieten.

Wann ist eine Pflanze konkurrenzstark?
Wenn ihre Ansprüche an den Boden erfüllt sind.

Was sind vikariierende Arten?
Vikariierende Arten sind nahe verwandte, sehr ähnlich aussehende Arten, die sich geografisch oder ökologisch gegenseitig (beinahe) ausschließen, sich aber bei gemeinsamem Vorkommen in einem Gebiet kreuzen können.

Welche Eigenschaften sind für Felspflanzen überlebenswichtig?
Die Frosttoleranz, der Verdunstungsschutz und die Wasserspeicherfähigkeit.

Welche Pflanzen können in ihren Blättern Wasser speichern?
Sukkulente wie z. B. die Aurikel *(Primula auricula)*.

Warum haben dichte Polsterpflanzen in ihrem Innern ein eigenes Mikroklima?
Ihre dicht beblätterten Triebe verhindern, dass der Wind in das Polster eindringt. Dadurch entsteht im Polsterinnern ein eigenes, wärmeres Mikroklima.

Welche Faktoren beeinflussen die Lebensbedingungen am Fels?
Exposition und Steilheit. Diese haben Einfluss auf die Sonneneinstrahlung, Windstärke und Verfügbarkeit von Wasser.

Warum dauert die Vegetationszeit in Südwänden am längsten?
Weil an senkrechten Südwänden die Sonneneinstrahlung im Frühling und im Herbst stärker ist als im Hochsommer und Pflanzen von dieser Wärmegunst profitieren.

Welcher Fels erwärmt sich stärker: heller Kalk oder dunkler Gneis?
Dunkler Gneis.

Warum ist es günstiger, essbare Pflanzen zu Beginn der Vegetationsperiode zu sammeln als später im Jahr?
Weil dann die Pflanzengewebe noch zart sind und relativ viel Eiweiß enthalten. Im Hochsommer werden sie derber, und ihr Eiweißgehalt nimmt ab. In dieser Zeit bilden die Pflanzen Stängel für ihre Blüten und Samen aus, und in den grünen Pflanzengeweben wandeln sich die verdaulichen Zucker- und Eiweißverbindungen in Stützgewebe aus unverdaulicher Zellulose um.

Warum enthalten Gebirgspflanzen besonders viele Inhaltsstoffe?
Weil sie ihre Energie aufgrund ihrer speziellen Lebensbedingungen nicht in Höhenwachstum investieren und deshalb mehr sekundäre Pflanzenstoffe produzieren.

Warum produzieren Grünalgen rote Pigmente?
Damit sie vor der starken UV-Sonnenstrahlung geschützt sind.

Sommer

In welcher Hinsicht sind Flechten Pflanzen überlegen?
Sie sind Pflanzen überlegen, weil sie unter Extrembedingungen überleben.

Was ist eine Flechte?
Eine Flechte ist eine Symbiose aus einem Pilz und einer oder mehreren Algenarten.

Wie schützen sich Flechten vor Frost und Hitze?
Mit Flechtensäuren und der Fähigkeit, in Wärme- oder Kältestarre zu verfallen.

Warum können Flechten an extremen Standorten wachsen, aber gleichzeitig so empfindlich auf Schadstoffe reagieren?
Weil Flechten keine Wurzeln haben, nutzen sie Nährstoffe direkt aus der Luft und aus den Niederschlägen. Dabei reichern sie sich auch mit Schadstoffen an, die das empfindliche Gleichgewicht der Symbiose stören.

Welche Tiere ernähren sich im Winter von Flechten?
Rentiere, Karibus, Moschusochsen und Gämsen.

Wann ist bei einem Regenbogen kein Blau und Violett zu sehen?
Früh am Morgen oder spät am Abend.

Warum sieht man Brockengespenster nicht an trockenen, sonnigen Tagen?
Weil es für diesen optischen Effekt Wassertröpfchen in der Luft braucht.

Warum gibt es Gipfelfahnen nicht schon frühmorgens?
Weil die Felsen dafür stark aufgewärmt sein müssen, was mehrere Stunden direkte Sonneneinstrahlung voraussetzt.

Warum gibt es ein Morgen- und ein Abendrot, aber kein Mittagsrot?
Aus den weißen Sonnenstrahlen wird auf dem Weg durch die Atmosphäre ständig blaues Licht herausgefiltert, sodass das rote Licht mit zunehmender Distanz immer mehr dominiert. Morgens und abends legen die Sonnenstrahlen einen besonders langen Weg durch die Atmosphäre zurück, sodass der Blau-Anteil fast ganz verschwindet. Am Mittag überwiegen hingegen die Blau-Anteile im Licht. Deshalb gibt es kein Mittagsrot.

Warum ist das Winterfell bei vielen Tieren dunkler als das Sommerfell?
Damit es sich bei Sonnenschein schneller erwärmt.

Welche Vorteile hat ein reich verzweigtes Wurzelwerk für eine Pflanze?
Pflanzen können durch ein stark verzweigtes Wurzelwerk mehr Wasser aufnehmen und speichern, sie sich dadurch besser verankert und können vom Wind weniger stark beschädigt werden.

Wozu sind Haare auf den Blättern gut?
Als Schutz vor Verdunstung und Strahlung.

Warum blühen viele Gebirgspflanzen nicht jedes Jahr?
Weil dazu die Vegetationszeit ab einer bestimmten Höhe über Meer zu kurz ist.

Warum bleiben die meisten Gebirgspflanzen klein?
Wegen der starken UV-Strahlung. Kleinwüchsig sind sie aber auch besser gegen starke Winde geschützt.

Warum sind Seen am Morgen und am Abend dunkler als um die Mittagszeit?
Je flacher der Einfallswinkel der Sonnenstrahlen ist, desto weniger Licht wird von der Seeoberfläche reflektiert; entsprechend erscheint diese morgens und abends dunkler als tagsüber.

Beim welchem Wetter scheinen Seen grau zu sein?
Bei Bewölkung und Nebel.

Welche Seen sind milchigweiß?
Seen, die von Gletscherwasser gespeist werden.

Welche Algen färben bei Massenvermehrung das Wasser rot?
Die Grünalgen *(Chlamydomonas nivalis)*.

Warum duften Blüten?
Um bestäubende Insekten anzulocken.

Warum können Insekten im Gegensatz zu uns ultraviolette Farbmarkierungen sehen?
Weil ihre Augen ein anderes Farbspektrum sehen als unsere.

Warum ist Fremdbestäubung für Pflanzen vorteilhaft?
Weil dadurch die genetische Variation größer ist als bei der Selbstbestäubung.

Warum bestäuben sich Pflanzen auch selber?
Weil Selbstbestäubung immer noch besser ist als gar keine Bestäubung. Selbstbestäubung findet bei Gebirgspflanzen beispielsweise dann statt, wenn die bestäubenden Insekten aufgrund einer Schlechtwetterperiode zu lange ausbleiben.

Welche Insekten bestäuben die meisten Blüten im Hochgebirge?
Die Fliegen.

Aus welchen Gründen, vom Nektar-Holen abgesehen, besuchen Insekten die Trollblume auch noch?
Um im Innern der Blüte Schutz vor Regen und Kälte zu suchen.

Welche Art von Schutt ist für Pflanzen besonders schwierig zu besiedeln?
Beweglicher Kalkschutt.

Welche Eigenschaft ist für Schuttpflanzen besonders wichtig?
Eine große Regenrationsfähigkeit.

Wovor schützt die filzige Behaarung die Pflanzen?
Vor UV-Strahlung und vor Verdunstung.

Warum sind viele Alpenpflanzen Frostkeimer?
Damit sie erst nach einer bestimmten Frosteinwirkungsdauer keimen und nicht schon vorzeitig zu einem ungünstigen Zeitpunkt (z. B. an einem warmen Herbsttag).

Wo wächst das Edelweiß?
Auf kalkhaltigen Böden in alpinen Rasen.

Welche Pflanze wächst häufig an den gleichen Standorten wie das Edelweiß?
Alpen-Aster *(Aster alpinus)*.

Welchen Nachteil haben die heller gefärbten Apollo-Männchen im Vergleich zu den Weibchen?
Sie sind weniger gut getarnt als die dunkleren Weibchen und wärmen sich in der Sonne weniger rasch auf.

Welche Bedeutung haben die roten Augenflecken des Apollofalters auf dessen Hinterflügeln?
Sie warnen mögliche Feinde vor ihrer Giftigkeit.

Warum ist es für Pflanzen wichtig, Insekten über das Nektarangebot zu «informieren» und vergebliche Blütenbesuche zu verhindern?
Weil Insekten nach mehreren vergeblichen Anflügen künftig auf weitere Besuche bei der gleichen Pflanzenart verzichten könnten, was für deren Bestäubung ungünstig wäre.

Worin unterscheidet sich der Alpensalamander von anderen Amphibien?
Der Alpensalamander braucht zur Fortpflanzung kein Wasser und ist lebendgebärend.

Welche Eigenschaften muss ein Lebensraum für Salamander unbedingt haben?
Ausreichende Feuchtigkeit und viele Hohlräume als Verstecke.

Warum fressen Kühe keine Zwergstrauchheiden?
Weil sie giftig (Alpenrosen), stachlig (Wacholder) oder ledrig (Preiselbeere) sind.

Warum wachsen Alpenrosenheiden nicht an Südhängen mit wenig Schnee?
Weil die Alpenrose nicht frosthart ist und deshalb nur an Orten mit genügend Schneebedeckung wachsen kann.

Herbst

Warum dauert es im Gebirge manchmal mehr als ein Jahr, bis ein Insekt ausgewachsen ist?
Weil ein Jahr nicht ausreicht um die ganze Entwicklung zum ausgewachsenen Insekt durchzumachen.

Was geschieht mit wechselwarmen Lebewesen im Winter?
Sie fallen in eine Kältestarre und nehmen die Temperatur der Umgebung an. Körpereigene Frostschutzmittel verhindern, dass sie erfrieren.

Warum gibt es auf Gletschern keine hell gefärbten oder durchsichtigen Insekten?
Weil diese mit ihren Farben nicht von der Wärmestrahlung profitieren könnten und deshalb immer starr und bewegungslos wären.

Warum sind an heißen Tagen im Spätsommer besonders viele Gletscherflöhe an der Oberfläche zu sehen?
Weil an diesen Tagen der Schnee schmilzt und sie im Schmelzwasser ertrinken würden, wenn sie nicht an die Oberfläche kämen.

Warum sind Böcke oft weniger gut auf den Winter vorbereitet als die Geißen?
Weil sie schon während der Brunstzeit im Herbst einen Teil ihrer Fettreserven verbrauchen.

Sind es eisig kalte und schneearme oder eher milde und schneereiche Winter, die den Gämsen besonders zusetzen?
Die milden und schneereichen Winter setzen den Gämsen mehr zu, weil die Fortbewegung im Schnee viel Energie verbraucht und es für sie schwierig ist, Futter zu finden.

Welche zwei Laubbäume wachsen auch in Bergwäldern?
Die Vogelbeere *(Sorbus aucuparia)* und die Birke *(Betula pendula)*.

Welcher Nadelbaum hat fünf Nadeln pro Nadelbüschel?
Die Arve *(Pinus cembra)*.

Warum kann man nicht in 50 m tiefe Gletscherspalten fallen?
Weil es keine so tiefen Gletscherspalten gibt: Das Eis ist durch den Druck plastisch verformbar und schließt Spalten ab einer Tiefe von etwa 30 m.

Welche Zone befindet sich unterhalb der Gleichgewichtslinie?
Die Zehrzone.

Was geschieht, wenn in der Nährzone des Gletschers während mehrerer Jahre mehr Schnee fällt als schmilzt?
Der Gletscher wächst.

Was ist so besonders an Gletschervorfeldern?
An den Gletschervorfeldern ist besonders, dass man die zeitliche Entwicklung und Abfolge der Vegetation (Sukzession) je nach Abstand vom Gletschereis nebeneinander beobachten kann.

Warum sind Gletschervorfelder dynamische Landschaften?
Weil sie sich ständig verändern.

Warum läuft die Besiedelung eines Gletschervorfelds nicht überall gleich ab?
Weil Höhenlage, Exposition, Boden, Lokalklima usw. bei keinem Gletschervorfeld genau gleich sind.

Warum werden Pionierpflanzen im Verlaufe der Vegetationsentwicklung von anderen Arten verdrängt?
Weil sie lichtliebend und konkurrenzschwach sind.

Wie gewinnen die Bartgeiermännchen zur Paarungszeit die Aufmerksamkeit der Weibchen?
Mit Balzflügen.

Warum sind die Bauchfedern der Bartgeier braunrot gefärbt?
Weil Bartgeier gelegentlich ein Erdbad nehmen oder ihre Federn sonst mit der braunroten Erde in Berührung kommen.

Was frisst ein Hirsch?
Er frisst Gras, Knospen, Flechten, Rinde und Nüsse.

Wann ist die Hirschbrunst?
Zwischen Mitte September und Mitte Oktober.

Warum haben Störungen von Wildtieren im Winter für den Bergwald negative Folgen?
Weil sich die Wildtiere bei Störungen an bestimmten Stellen sammeln und dadurch dort ein erhöhter Fraßdruck auf die Bäume entsteht und der Jungwuchs geschädigt wird.

Wo überwintert der Admiral?
Einige Falter überwintern am Mittelmeer, andere bleiben im Alpenraum.

Wovon ernähren sich die Raupen des Admirals?
Von Brennnesseln.

Warum ist eine isoliert wachsende Arve höchstwahrscheinlich von einem Tannenhäher an ihren Standort gesetzt worden?
Weil die relativ schweren Arvennüsschen in der Nähe des Mutterbaums liegen bleiben und ein Einzelbaum deshalb wahrscheinlich durch einen Tannenhäher gepflanzt worden ist.

Winter

Warum stellen im Winter nicht alle Vögel von Insekten- auf Körnernahrung um und ersparen sich so den gefährlichen Flug in den Süden?
Weil ihre Schnäbel dazu zu fein gebaut sind.

Wie unterscheidet sich das Futter dieser Vögel im Winter von ihrer Sommernahrung?
Ihr Winterfutter enthält weniger Nährstoffe und ist faserreicher.

Warum fressen sich wechselwarme Amphibien oder Reptilien zum Überwintern keine Fettreserven an?
Weil ihre Körpertemperatur von der Umgebungstemperatur bestimmt wird. Sie brauchen daher kein Fett, um eine bestimmte Körpertemperatur aufrechtzuerhalten.

Warum ist das Fell vieler Tiere im Winter dunkler als im Sommer?
Das dunklere Winterfell kann sich bei Sonneneinstrahlung schneller und stärker erwärmen als das hellere Sommerfell.

Welchen Vorteil hat ein weißes Winterkleid?
Wenn Schnee liegt, sind weiße Tiere besser getarnt und für ihre Feinde schwieriger zu finden.

Warum sind Untersonnen nur im Winter zu sehen?
Weil sie nur bei Temperaturen zwischen −5 °C und −8 °C entstehen.

Warum wachsen Eisbirnen nicht hoch oben im Geäst der Bäume?
Weil sie nur entstehen, wenn Zweige bei Minustemperaturen von Wellen oder Spritzwasser bespritzt werden, sich dadurch erste Eiszapfen bilden und anschließend eine Wasserhaut nach der anderen darüber anfriert. Diese Bedingungen sind in Baumkronen nicht gegeben.

Welche Art von Eis wächst von unten nach oben und nicht wie ein Eiszapfen von oben nach unten?
Kammeis.

Wo findet man am ehesten Kammeis?
Auf vegetationsarmen Böden oder Wegböschungen.

Wie verläuft der Winter, wenn es keine oder nur kurze Eiszapfen gibt?
Er ist kalt und trocken.

Wann finden die Rangkämpfe der Steinböcke statt?
Sie finden während des Sommers statt.

Wann sind Steinböcke keine Einzelgänger?
Während der Brunftzeit von November bis Anfang Januar.

Wie schwer sind die Hörner des Steinbocks im Verhältnis zu seinem Gesamtgewicht in Prozentzahlen?
Bei einem Gesamtgewicht von etwa 100 kg machen die Hörner ca. 15 % davon aus.

Warum fliehen Alpenschneehühner bei Störungen nicht sofort?
Weil sie darauf vertrauen, in ihrem weißen Tarnkleid nicht gesehen zu werden.

Wo graben Alpenschneehühner bevorzugt ihre Höhlen?
An nordseitig exponierten Hängen, wo der Schnee länger pulvrig und locker bleibt.

Welche zwei Besonderheiten helfen Alpenschneehühnern beim Gehen auf Schnee?
Befiederte Läufe und Hornplättchen an den Zehen.

Warum sind Störungen für Alpenschneehühner ungesund und manchmal sogar tödlich?
Weil sie bei Störungen ihre schützende Höhle verlassen und dabei an der Kälte viel Energie verbrauchen, welche sie mit «Nachfressen» nicht wieder wettmachen können.

Welche Farbe haben die Fichtenkreuzschnabel-Weibchen?
Die Farbe des Fichtenkreuzschnabel-Weibchens ist grünlich.

Warum brüten Fichtenkreuzschnäbel mitten im Winter?
Weil dann die Fichtensamen reif sind und damit viel Futter für die Jungen zur Verfügung steht.

Sachregister

Dank

Ich danke Fredy Joss und Andreas Gygax für ihre Bildbeiträge, dem Haupt Verlag für die Idee zu dieser Buchreihe und für die angenehme Zusammenarbeit, und allen anderen, die in irgendeiner Form bei der Erarbeitung dieses Buchs beigetragen haben.

Bildnachweis

Arnold, Peter inc./Okapia: S. 130
Bahnmüller, Wilfried/Okapia: S. 131
Cairns, P./Blickwinkel: S. 165, 179
Frischknecht, P./Blickwinkel: Umschlag: vorne oben
Gerth, S./Blickwinkel: S. 51
Gygax, Andreas: Umschlag: hinten oben Mitte; S. 40, 41 (oben und unten), 42, 43, 100, 156 (oben), 181, 184 (beide)
Hartl, A./Blickwinkel: S. 61 (oben), 62
Hecker, F./Saurer/Blickwinkel: S. 59, 60, 61 (unten), 123
Jaun, Andreas: S. 9, 16 (Zeichnung), 27 (Zeichnung), 45 (Zeichnung), 46 (Zeichnung), 47 (Zeichnung), 48 (Zeichnung), 60 (Zeichnung), 62 (Zeichnung), 69 (Zeichnung), 82 (Zeichnung), 106 (Zeichnung), 110, 124, 134 (oben links), 139 (Zeichnung), 149 (Zeichnung), 166, 174 (Zeichnung), 175 (Zeichnung), 176 (Zeichnung), 177 (Zeichnung), 178 (Zeichnung), 180 (Zeichnung)
Joss, Fredy: S. 73, 86–87, 88, 89, 99, 101, 108 (Zeichnungen), 115, 133, 141, 142, 168, 169, 170, 173
Joss, Sabine: Umschlag: vorne unten, hinten oben links, hinten unten; S. 10, 11, 12–13, 15, 17, 18, 19, 21 (oben und unten), 22, 23 (oben und unten), 24, 25, 26, 29, 31, 33, 34 (oben und unten), 35, 36–37, 38, 46 (Foto), 47 (Foto), 48 (Foto), 49, 54, 57, 65 (beide), 66, 67, 68, 71 (beide), 72 (beide), 75, 76–77, 78, 81 (beide), 84 (beide), 85 (beide), 90, 91, 92, 94 (beide), 95, 96, 98, 102, 103, 104, 105, 109 (beide), 111 (beide), 112, 113, 114 (beide), 116, 117, 118–119, 120, 134 (oben rechts, unten), 135 (beide), 136, 138, 140, 143, 144, 145, 147, 150, 154, 155, 156 (unten), 158–159, 160, 163, 164, 171, 172, 176 (Foto), 178 (Foto), 185, 186–187
Kiefer, Stefan/Okapia: S. 132
Meyers, S./Blickwinkel: Umschlag: hinten oben rechts; S. 52, 152
Moning, Christoph: S. 162
Stenner, C./Blickwinkel: S. 97
Willisch, Christian: S. 125, 126 (beide), 128

Bitte beachten Sie auch die folgenden Seiten!

Andreas Jaun / Sabine Joss

Auf der Wiese

Natur erleben – beobachten – verstehen

2011. 203 Seiten, 144 Fotos, 7 Grafiken,
19 Zeichnungen, kartoniert
ISBN 978-3-258-07589-1

Andreas Jaun / Sabine Joss

Im Wald

Natur erleben – beobachten – verstehen

2011. 195 Seiten, 147 Fotos, 20 Zeichnungen,
kartoniert
ISBN 978-3-258-07590-7

Runter vom Sessel, hinein in die Natur! Auf jedem Quadratmeter Wiese und Wald tummeln sich unzählige Pflanzen und Tiere, die sich gegenseitig täuschen und austricksen, die kooperieren und voneinander profitieren. Auf jedem scheinbar banalen Stück Wiese und Wald kann ein ganzes Geflecht von Wechselbeziehungen beobachtet und entdeckt werden.